职业教育数字素养系列教材

互联网技术与应用基础

主　编　陈国浪　张　煜
副主编　翁正秋　谢　悦　张琼琼
参　编　胡林娜　王　璋　李　贞

北京理工大学出版社
BEIJING INSTITUTE OF TECHNOLOGY PRESS

内 容 简 介

本书聚焦网络强国建设，以掌握数字时代的知网、用网、管网及信息识别等必备技能为目标，将内容分为认识互联网、互联网技术基础、互联网应用、互联网安全及互联网新技术5章，每章内容加入"辩一辩"，每节内容融入"想一想""动一动""问一问""议一议"，引导读者在实践中运用互联网，在讨论中学习互联网，在辩论中理解互联网，有效提升数字素养与技能。

版权专有　侵权必究

图书在版编目（CIP）数据

互联网技术与应用基础 / 陈国浪，张煜主编． —— 北京：北京理工大学出版社，2022.7（2022.8 重印）
ISBN 978-7-5763-1497-7

Ⅰ．①互⋯　Ⅱ．①陈⋯　②张⋯　Ⅲ．①互联网络　Ⅳ．①TP393.4

中国版本图书馆 CIP 数据核字（2022）第 123574 号

出版发行 / 北京理工大学出版社有限责任公司
社　　址 / 北京市海淀区中关村南大街 5 号
邮　　编 / 100081
电　　话 /（010）68914775（总编室）
　　　　　（010）82562903（教材售后服务热线）
　　　　　（010）68944723（其他图书服务热线）
网　　址 / http：//www.bitpress.com.cn
经　　销 / 全国各地新华书店
印　　刷 / 三河市龙大印装有限公司
开　　本 / 787 毫米 × 1092 毫米　1/16
印　　张 / 13.5　　　　　　　　　　　　　　　责任编辑 / 王玲玲
字　　数 / 265 千字　　　　　　　　　　　　　文案编辑 / 王玲玲
版　　次 / 2022 年 7 月第 1 版　2022 年 8 月第 2 次印刷　责任校对 / 刘亚男
定　　价 / 47.00 元　　　　　　　　　　　　　责任印制 / 施胜娟

图书出现印装质量问题，请拨打售后服务热线，本社负责调换

前言

当前，互联网、大数据、人工智能等信息技术的迅速发展和广泛应用，改变着人们的思维、生活、学习与生产方式，人类社会已经进入"数字时代"，数字素养已成为人们不可或缺的"生存技能"。2021年，中央网络安全和信息化委员会印发的《提升全民数字素养与技能行动纲要》指出：提升全民数字素养与技能，是顺应数字时代要求、提升国民素质、促进人的全面发展的战略任务，是实现从网络大国迈向网络强国的必由之路，也是弥合数字鸿沟、促进共同富裕的关键举措。本书适用于互联网应用相关课程的配套教材，也可作为全民数字素养与技能提升培训用书。能够更好地帮助人们提升数字素养与技能，使人们更好地适应数字时代的学习、工作与生活，成为合格的数字公民。

本书的编写充分考虑当代大学生对互联网技术与应用方面的学习需求，以理论"必需、够用"为原则，内容包括认识互联网、互联网技术基础、互联网应用、互联网安全及互联网新技术5章，以掌握数字时代的知网、用网、管网和网络信息识别等必备技能为目标，突出互联网应用的内容，主要包括互联网在学习、生活、工作3个场景的9个应用任务，引导学生摆脱传统思维方式的羁绊，理解互联网内涵，智慧运用互联网，找到更好的工具、方法，高效整合资源，解决实际问题，提升数字素养与技能。

本书牢固树立"以人为本"的教育思想，以调动学生的学习积极性为目的，以教学单元为单位，精心设计互动内容，嵌入"想一想"（理论知识的拓展思考）、"动一动"（必要技能的实践练习）、"问一问"（发现问题，提出问题）和"议一议"（专业知识与技能的深入理解）等内容，充分体现知行合一、"思政元素"与"专业知识"合一，引导学生主动思考、悟化于心，掌握专业知识与技能；在每章结尾以"网络强国"为主题，精心设计"辩一辩"（辩证地对待互联网），自然融入家国情怀、责任担当、创新思维、伦理道德等思政元素，体现专业教学与价值引领合一，强化了批判精神、判断能力与辩证思维的培养，力求教学相长。本书更适宜课堂"翻转"教学，使学生在实践中运用互联网，在讨论中学习互联网，在辩论中理解互联网，引导学生的价值取向，树立正确的网络强国观念，积极传播正能量，做新时代中国好网民。

本书由陈国浪、张煜担任主编，翁正秋、谢悦、张琼琼担任副主编。其中，张煜负责编写第1、4章，陈国浪负责编写第2、5章，翁正秋、谢悦、张琼琼、胡林娜、王璋、李贞负责编写第3章。全书由陈国浪负责统稿总纂。在本书编写过程中，得到了北京博导前程信息技术股份有限公司的大力支持，在此一并致谢。

由于互联网、信息技术的发展非常迅速，加之作者学识有限，书中难免存在一些疏漏或不妥之处，恳请同行专家和广大读者批评指正。

目录

第1章 认识互联网 1
1.1 Internet 简介 1
1.2 Internet 主要应用 5
1.3 网络强国：互联网助推中国梦 11

第2章 互联网技术基础 13
2.1 网络组成 13
2.1.1 网络硬件 13
2.1.2 拓扑结构 27
2.2 IP 地址 31
2.2.1 TCP/IP 协议 31
2.2.2 IPv4 地址 34
2.2.3 IPv6 地址 43
2.3 Internet 接入 50
2.4 网络强国：IPv6 开启中国互联网新时代 58

第3章 互联网应用 60
3.1 信息资源及其利用 60
3.1.1 信息概念 60
3.1.2 搜索引擎 65
3.2 互联网应用之学习篇 70
3.2.1 查找资料 70
3.2.2 网上学习 77
3.3 互联网应用之生活篇 82
3.3.1 网上购物 82

3.3.2　旅行预订 ·· 88
3.4　互联网应用之工作篇 ·· 96
　　3.4.1　网上求职 ·· 96
　　3.4.2　在线调查问卷 ·· 99
　　3.4.3　微信公众平台 ··· 107
　　3.4.4　H5 页面制作 ·· 116
　　3.4.5　快速构建网站 ··· 125
3.5　网络强国：勇担让互联网更好造福人类的责任 ········· 132

第 4 章　互联网安全 ··· 134
4.1　网络安全概述 ·· 134
4.2　网络安全意识 ·· 146
4.3　网络安全防护 ·· 154
4.4　网络强国：坚守网络安全道德底线 ························· 163

第 5 章　互联网新技术 ·· 165
5.1　移动互联网 ··· 165
5.2　5G 技术 ··· 167
5.3　物联网 ··· 172
5.4　大数据 ··· 177
5.5　云计算 ··· 184
5.6　人工智能 ·· 194
5.7　区块链 ··· 199
5.8　网络强国：勇当新时代自主创新生力军 ··················· 205

参考文献 ·· 207

第 1 章

认识互联网

20世纪，互联网给我们打开了接触世界的一扇窗户，21世纪，互联网已成为社会经济和科学技术发展最快的一个领域，对经济、政治、文化的发展产生了深刻影响。如今，互联网越来越成为我们日常生活中不可或缺的一部分，中共中央总书记、国家主席习近平指出："互联网是20世纪最伟大的发明之一，给人们的生产生活带来巨大变化，对很多领域的创新发展起到很强带动作用。互联网发展给各行各业创新带来历史机遇。"

难重点笔记区

1.1 Internet 简介

Internet 泛指互联网，根据音译，也被叫作因特网，它起源于1969年美国国防部下属的高级研究计划局所开发的军用实验网络——ARPAnet。最初只连接了位于不同地区的四台计算机。1980年，用于异构网络互联的 TCP/IP 协议研制成功，使得采用 TCP/IP 协议的计算机都可以接入 Internet，实现信息共享和相互通信，也为 Internet 的发展奠定了基础。

1985年，美国国家科学基金会（National Science Foundation，NSF）提供巨资建造了全美五大超级计算中心，并在全国建立按地区划分的广域网，与超级计算中心相连，最后再将各超级计算中心互连起来，即 NSFnet，它于1990年6月彻底取代 ARPAnet 成为互联网的主干网，并向全社会开放，使互联网进入以资源共享为中心的服务阶段。1991年，欧洲核子物理实验室发明了用超文本链接网页的"万维网"（Word Wide Web，WWW），创造了全新的文献检索和查阅方法，使得互联网成为一个巨大的信息库。同年，Internet 开始用于商业用途，商业机构也很快发现其在通信、资料检索、客户服务等方面的巨大潜力，于是，无数的企业纷纷涌入 Internet，带来了 Internet 发展史上一个新的飞跃，同时，Internet 也为商业的发展提供了广阔的空间。

20 世纪 80 年代以来，由于 Internet 在美国获得迅速发展和巨大成功，全世界其他国家和地区，也都在 80 年代以后先后建立了各自的 Internet 骨干网，并与美国的 Internet 相联，形成了今天连接上百万个网络，拥有几亿个网络用户的庞大的国际互联网，使 Internet 真正成为全球性的网络。随着 Internet 规模的不断扩大，Internet 所提供的信息资源和服务也越来越丰富，所涉及的领域包括政治、军事、经济、新闻、广告、艺术等，成为一个集各个部门、各个领域的信息资源为一体的，供网络用户共享的信息资源网。尤其是 WWW 的出现，更使 Internet 成为全球最大的、开放的、由众多的网络相互连接而成的计算机互联网，最终发展演变成今天成熟的 Internet。Internet 的出现与发展，极大推动了全球由工业化向信息化的转变，成了一个信息社会的缩影。

中国 Internet 的使用可以追溯到 1986 年，中国科学院等一些科研单位通过长途电话拨号到欧洲一些国家，进行国际联机数据库检索。1987 年 9 月，在北京计算机应用技术研究所内正式建成我国第一个 Internet 电子邮件节点，通过拨号 X.25 线路，连通了 Internet 的电子邮件系统，并于 1987 年 9 月 20 日通过 Internet 向全世界发出了我国第一封电子邮件"越过长城，通向世界"，揭开了中国 Internet 发展的序幕。

1993 年 3 月，由于核物理研究的需要，中国科学院高能物理研究所租用 AT&T 公司的国际卫星信道，建立的接入美国斯坦福线性加速器中心（SLAC）64K 专线正式开通。由于美国政府只允许这条专线进入美国能源网而不能连接到其他地方，这条第一根专线仅实现部分连入 Internet。1994 年 4 月，中国科学院计算机网络信息中心（CNIC，CAS）通过 64 Kb/s 国际线路连到美国，实现了与 Internet 的全功能连接，我国成为国际互联网大家庭中的第 77 个成员。1995 年 5 月，中国公用计算机互联网（Chinanet）开始向公众提供 Internet 服务，此时才真正标志着 Internet 进入中国。

1996 年至今，我国互联网进入了一个高速发展的时期，人们从陌生到熟悉，电商、搜索、娱乐、影视、音乐、旅游、本地生活等各种互联网平台不断涌现，无数互联网公司快速崛起，中国互联网逐步走向繁荣。2008 年，中国成为世界互联网网民最多的国家。2012 年，中国的手机网民第一次超过了 PC 网民，中国移动互联网时代全面开启。今天，互联网已经成为人们生活、工作、学习不可或缺的一个工具，可以说人们的衣、食、住、行几乎全部都通过互联网来完成，在将来，互联网将会继续给大家带来更多的便利。回顾中国互联网发展历程，可分为四次大浪潮。

1. 第一次互联网大浪潮（1994—2000 年）

1994 年，中国实现与国际互联网全功能链接，中国科技网、中国公用计算机互联网、中国教育和科研计算机网、中国金桥信息网四大骨干网开始建设，中国互联网步入快速发展阶段，网民数从 1997 年的 62 万人急剧增长到 2000 年的 1 690 万人，免费邮箱、新闻资讯、即时通信成为当时最热门应用。

2. 第二次互联网大浪潮（2001—2008 年）

在这个阶段，新浪、网易、搜狐等门户网站迅速崛起，从搜索引擎到社交网络、电子商务，百度、淘宝、支付宝迅速普及，互联网打开了一个全新的世界。中国网民数量在 2008 年 6 月达到 2.53 亿，首次超过美国，跃居世界首位。

3. 第三次互联网大浪潮（2009—2014 年）

2009 年以来，智能手机日益普及，移动端用户越来越多，加入移动战局的互联网公司也越来越多，中国互联网开启了又一个新的时代——移动互联网时代，互联网原有的格局和用户使用习惯被打破与重构，随着微博、微信的上线，滴滴出行网约车的到来，互联网逐步渗入人们的衣食住行。

4. 第四次互联网大浪潮（2015—2020 年）

2015 年，中国提出"互联网+"国家战略，在经历了滴滴与快滴、58 与赶集、美团与大众点评、携程与去哪儿的四大 O2O 合并之后，直播、短视频迅速兴起，互联网思维成中国经济社会创新的驱动力量，加速中国实体经济全面升级。2019 年，中国互联网迎来了 5G 商用元年，大数据、人工智能、物联网等新兴技术不断发展，互联网走近万物互联。据中国互联网络信息中心（CNNIC）发布的第 49 次《中国互联网络发展状况统计报告》显示，截至 2021 年 12 月，我国网民规模达 10.32 亿，我国网民使用手机上网的比例达 99.7%，互联网普及率达 73.0%。在网民中，即时通信、网络视频、短视频用户使用率分别为 97.5%、94.5% 和 90.5%，用户规模分别达 10.07 亿、9.75 亿和 9.34 亿，在线办公、在线医疗用户规模分别达 4.69 亿和 2.98 亿，网上外卖、网约车的用户规模分别达 5.44 亿和 4.53 亿。中国超 10 亿互联网用户形成了全球最为庞大、生机勃勃的数字社会，中国已经从互联网大国迈进互联网强国。

2021 年 10 月 28 日，脸书的总裁马克·扎克伯格宣布 Facebook 改名为 Meta，专心打造元宇宙。2021 年 8 月，微软 CEO 萨蒂亚·纳德拉宣布，他们正在打造"元宇宙企业"。在几年前，提起元宇宙、提起虚拟空间，人们首先联想到的还是科幻小说里的平行宇宙和虚拟世界，科幻作家尼尔·斯蒂芬森在小说《雪崩》中对元宇宙的理解也是"通过全球光纤网络向公众开放"的虚构场所。马克·扎克伯格对于元宇宙的解释则为"沉浸式体验的互联网"，是实现虚拟现实后的下一个阶段的互联网的新形态，将可能会成为未来互联网发展的新方向。

议一议：互联网的快速发展给社会和人们带来了什么？

1.2 Internet 主要应用

Internet 发展到今天，已不单纯是一个计算机网络，它包括了世界上的任何东西，从知识到信息，从经济到军事，几乎无所不包，无所不含。使用 Internet，可以坐在行驶的汽车里查看朋友给您的信件；可以参加各种论坛，发表见解；可以学习知识、请教问题；还可以与远方的朋友玩游戏。可以说，Internet 已经发展成为一个内容广泛的社会，已成为人们在工作、生活、娱乐等方面获取和交流信息不可缺少的工具。其主要功能表现在以下几个方面。

1. WWW

所谓 WWW，就是 World Wide Web 的英文缩写，译为"万维网"或"全球信息网"，是目前 Internet 上最为流行、最受欢迎，也是最新的一种信息浏览服务，最早于 1989 年出现在欧洲的粒子物理实验室（CERN）。它是一个将检索技术与超文本技术结合起来，遍布全球的检索工具。浏览 WWW 就是浏览存放在 WWW 服务器上的超文本文件——网页（Web 页），它们一般由超文本标记语言（HTML）编写而成，并在超文本传输协议（HTTP）支持下运行。一个网站通常包含许多网页，其中网站的第一个网页称为首页（主页），它主要体现该网站的特点和服务项目，起到目录的作用。WWW 中的每个网页都对应唯一的地址，用 URL 来表示。URL 即统一资源定位器（Uniform Resource Locator），是用于完整地描述 Internet 上网页和其他资源的地址的一种标识方法。简单地说，URL 就是 Web 地址，俗称"网址"。

WWW 的出现被认为是 Internet 发展史上的一个重要的里程碑，它对 Internet 的发展起了巨大的推动作用，做出了重大的贡献。犹如 Microsoft 公司的 Windows 操作系统对个人计算机发展的贡献一样。它对系统原来的用户使用界面进行了改头换面的革命，通过文字、图像和声音等各种方式，向人们全方位地展示了 Internet 上五彩缤纷的信息世界。这里应当指出，WWW 本身是多种技术组合的产物，它可以不依赖于 Internet 的存在而运行。不过，WWW 与 Internet 相结合，却使 Internet 如虎添翼，WWW 的应用为 Internet 的进一步普及铺平了道路。也许可以这么说，目前以至未来的一段时间内，每一个 Internet 的用户都必须学会 WWW 的使用。对于每一位 Internet 的用户来说，WWW 几乎成了 Internet 的同义词。

问一问：互联网、因特网、万维网三者有什么区别？

2. 文件传输（FTP）

在 Internet 上有许多极有价值的信息资料，当用户想从一个地方获取这些信息资料或者将自己的一些信息资料放到网络中的某个地方时，用户就可以使用 Internet 提供的文件传输协议服务将这些资料从远程文件服务器上传到本地主机磁盘上。相反，用户也可使用文件传输协议将本地机上的信息资料通过 Internet 传到远程某主机上。

FTP（File Transfer Protocol，文件传输协议）是用于 Internet 网络的最简单的协议之一。同 HTTP 协议一样，FTP 协议也是一种 TCP/IP 应用协议。FTP 协议主要是用于将文件从网络上的一台计算机传送到另一台计算机。FTP 的一个突出优点，就是可在不同类型的计算机和操作系统之间传送文件，无论是 PC 机、服务器、大型机，还是 DOS 平台、Windows 平台、UNIX 平台，只要双方都支持 TCP/IP 协议簇中的 FTP 协议，就可以很方便地交换文件。文件传送协议 FTP 只提供文件传送的一些基本的服务，它使用 TCP 可靠地运输服务。在 FTP 的工作模式中，文件传输分为"上传"（Upload）和"下载"（Download）两种。"上传"是指用户将本地文件上传到 FTP 服务器上，"下载"则是指用户将远程 FTP 服务器上的文件下载到本地计算机上。

FTP 是一种实时的联机服务，在进行工作前，必须首先登录到对方的计算机上，登录后才能进行文件的搜索和文件传送的有关操作。普通的 FTP 服务需要在登录时提供相应的用户名和口令，当用户不知道对方计算机的用户名和口令时，就无法使用 FTP 服务。为此，一些信息服务机构为了方便 Internet 的用户通过网络使用他们公开发布的信息，提供了一种"匿名 FTP 服务"。

3. 电子邮件（E-mail）

电子邮件是 Internet 上提供和使用的最广泛的一种服务，它可以发送文本文件、图片、程序等，还可以传输多媒体文件（例如图像和声音等）、订阅电子杂志、参与学术讨论、发表电子新闻等。有了它，用户可以在短时间内将信件发给远方的朋友，使用方便，传送快速，费用低廉。

电子邮件就像邮局的信件一样，不过它的不同之处在于，电子邮件是通过 Internet 与其他用户进行联系的快速、简洁、高效、价廉的现代化通信手段。要使用电子邮件服务，首先要拥有一个完整的电子邮件地址，它由用户账号和电子邮件域名两部分组成，中间使用"@"把两部分相连。如 wzy2022@wzvtc.cn、cgl@126.com 等。用来收发电子邮件的软件工具很多，比如 Foxmail、Outlook Express 等，在功能、界面等方面各有特点，但它们都有传送邮件、浏览信件、存储信件、转发信件等功能。

动一动：利用 Foxmail 收发电子邮件。

写下步骤：

4. 电子商务

电子商务是目前迅速发展的一项新业务，它是指在 Internet 上利用电子货币进行结算的一种商业行为。网上书城、网上超市、网上拍卖……可以说是风起云涌，它不但改变着人们的购物方式，也改变着商家的经营理念，更是由于它的广阔发展前景，成为 Internet 吸引商业用户的一个重要的方面。

随着社会和经济的发展变化，催生了零售业销售模式的逐步转化，衍变出新零售模式。所谓新零售，是指企业以互联网为依托，通过运用大数据、人工智能等先进技术手段，对商品的生产、流通与销售过程进行升级改造，进而重塑业态结构与生态圈，并对线上服务、线下体验以及现代物流进行深度融合的零售新模式。核心内容是以人为本，把消费者放在第一位，体现了全心全意为消费者服务的决心。目前，主要的新零售电商平台有盒马鲜生、通赢链、三只松鼠等。

> **想一想**："电商"与"新零售"谁才是未来？

5. 微信应用

微信（WeChat）是腾讯公司于 2011 年 1 月 21 日推出的一个为智能终端提供即时通信服务的免费应用程序。它能够通过网络给好友发送文字消息、表情和图片等，还可以传送文件，与朋友视频聊天，让用户的沟通更方便。它可以通过查找微信号、查询 QQ 好友、查询通讯录和共享微信号码加好友、扫一扫或雷达加朋友等多种方法添加好友。提供公众平台、朋友圈、消息推送等多种功能，可以将内容分享给好友，或者将用户看到的精彩内容分享到微信朋友圈。随着微信版本的更新，其功能也越来越完善、越来越强大，不管是个人还是企业，都能充分借助这个交流平台享受它周到的用户服务。

（1）聊天功能

作为一款好用的交流工具，聊天功能也是非常重要的一环，微信除了可以发送最基本的文字信息外，还可以发送表情、图片、视频、地理位置和名片，多媒体的互动非常丰富。如果不想打字，可采用语音输入，即在聊天窗口中点击右下角的"+"，选择"语音输入"，长按麦克风图标，说出要输出的文字即可。语音输入的效率应该说是最高的，可以大大节省输入时间。或者在微信对话框中，点击输入框左边的喇叭图标，然后输入框就会变成"按住说话"按钮。长按按钮就可以直接说话了，说完后，放手即可发送语音消息。而在微信聊天时，有很多朋友喜欢发长语音，需要反复听，为了避免这个问题，可以长按微信好友发过来的语音消息，在弹出的菜单中点击"转文字"，就可以把对方发过来的语言转换成文字，查看更加直观。

（2）朋友圈

微信在 2012 年 4 月 19 日更新的 4.0 版本增加了朋友圈功能，最开始的口号是"记录美好生活",通过朋友圈可以发表文字和图片,用户只需打开微信,依次点击"发现"→"朋友圈",按右上角的相机按钮,选择"拍摄/从相册选择",勾选想要发表的照片或视频,配上一段文字或者不配文字,点击"发送"按钮即可。长按右上角的相机按钮,可进入纯文字朋友圈发表的界面。很多人都会在微信朋友圈中分享自己的生活乐趣或一些感想。

用户可以对好友新发的照片进行"评论"或"赞",其他用户只能看相同好友的评论或赞。对于很多网友来说,刷朋友圈已经成为一种日常,闲着没事、睡觉之前,总要刷一刷朋友圈。正因为如此,作为社交工具的微信朋友圈也可用于营销或者宣传,其最大的特点在于所有的用户都是"熟人",通过这些熟人得到口碑传播,其效果就相当于一种病毒式的营销,可以得到快速扩散、高效传播的效果,这种传播方式完全由朋友圈的好友自发完成,具有成本低、见效快、准确度高等特点。微信朋友圈营销和其他类型的互联网营销比较相像,都是以内容为重点,优质的内容才更容易在朋友圈的内容中脱颖而出,也才能激发用户的购买欲望,让用户主动帮助你分享和传播信息。

(3) 微信支付

微信支付是集成在微信客户端的支付功能,于2014年9月26日推出,是中国最主要的移动支付平台之一。微信支付为各类企业以及小微商户提供专业的收款能力、运营能力、资金结算解决方案,以及安全保障。用户可以使用微信支付来购物、吃饭、旅游、就医、交水电费等。

 议一议:对于中国有古代四大发明和新四大发明这一说法,你怎么看?

> • **知识拓展:新四大发明**
>
> 古代中国有四大发明——造纸术、印刷术、指南针和火药。这些发明在当时无一不是轰动世界的存在,推动了世界的近代化,但由于当时中国封建社会的腐败与落后,最终让这些世纪发明变成他国改革、创新的奠基石,甚至变成了列强侵略我国的得力工具。这无疑是惨痛的教训,由此我们进行了漫长的反思与觉悟。
>
> 如今中国这头沉睡多年雄狮终于睁开了眼睛,昂起了头。不知道大家是否还曾记得,2017年,在全国人民代表大会上,马化腾提出的现代中国四大发明。面对国内外记者的上百个镜头,他无比自豪地在人大会议上告诉他们:"我们有一个新的词,叫作中国的'新四大发明',包括网购、移动支付、高铁、共享单车。"新四大发明促进了经济的发展,使我们的生活步入了快车道。对于2020年爆发的新冠疫情,中国能够有效控制疫情蔓延,攻坚克难,组织有序,身为四大发明之首的网购和移动支付功不可没。
>
> 对于中国有古代四大发明和新四大发明这一说法,你知道吗?你想到了什么?

(4) 微信视频号

微信 APP 在 2020 年春节后推出的一个短视频平台——视频号，它是借助微信庞大的入口流量推广的一个短视频平台，其实也是腾讯打造的针对抖音、快手等独立 APP 进行竞争的一个短视频平台。

微信视频号是一个全新的内容记录与创作平台，是一个人人可以记录和创作的平台，是一个了解他人、了解世界的窗口。视频号放在了微信的发现页内，就在朋友圈入口的下方。

微信视频号可以通过微信直接进入，这样就借助了微信生态圈自带的十亿人的流量，用户不需要下载 APP，打开微信就可以用，简单方便；对抗抖音、快手等具有天然优势。微信视频号内容以图片和视频为主，可以直接在手机上发布。可以关注感兴趣的视频号主，点赞、评论进行互动，也可以转发到朋友圈、聊天场景进行分享，进一步提升了微信的社交属性。

动一动：查看并注册一个微信视频号，并发布一条短视频。

写下步骤：

1.3 网络强国：互联网助推中国梦

互联网从诞生至今，人们对于互联网从陌生到熟悉，如今已经成为百姓生活中不可或缺的一部分，在线教育蓬勃兴起，求学者不用到教室就能学到新知识；远程医疗跨越时空，哪怕地处偏远，坐在家里也能享受到先进的医疗服务；网上订票省时省心，在景区门口轻刷手机就能通过闸机，再也不用到售票处排长队。互联网已经成为人们学习、工作、生活的新空间，它改变了我们的生活，也改变着我们的世界，网络空间有多大，精彩的世界就有多大。

2015年，李克强总理在政府工作报告中提出，"制定'互联网+'行动计划，推动移动互联网、云计算、大数据、物联网等与现代制造业结合，促进电子商务、工业互联网和互联网金融健康发展，引导互联网企业拓展国际市场。"互联网上升为国家战略，成为推动我国经济发展的重要动力之一，从互联网到互联网+，意味着互联网从"跟随者"变成"引领者"，它代表了一种新的经济形态，让互联网与传统行业进行深度融合，是推动企业或产业在产品的研发、生产、销售、服务等各个环节与互联网高度融合，提升效率并创造新的发展生态，实现以信息化带动工业化。互联网+农业、互联网+工业、互联网+零售、互联网+餐饮、互联网+医疗、互联网+教育……各种基于互联网数字技术的商业模式不断涌现，互联网正以不可阻挡之势与各领域、各行业迅速融合。同时，随着人工智能、大数据、云计算等新兴技术的不断发展，将互联网从人与人的连接扩展到人与物、物与物连接，一幅万物互联的图景已经徐徐展开。

纵观中国互联网发展历程，中国互联网从无到有，是一条具有中国特色的、全面、持续、快速的科学发展道路，所取得的成就举世瞩目。根据中国互联网络信息中心（CNNIC）发布的第49次《中国互联网络发展状况统计报告》显示，截至2021年12月，在网络基础资源方面，我国域名总数达3 593万个，IPv6地址数量达63 052块/32；在信息通信业方面，累计建成并开通5G基站数达142.5万个，全国在建"5G+工业互联网"项目超过2 000个，工业互联网和5G在国民经济重点行业的融合创新应用不断加快。2021年，我国网民总体规模持续增长，城乡上网差距继续缩小，农村地区互联网普及率为57.6%。网民人均每周上网时长达到28.5小时，互联网深度融入人民日常生活，即时通信等应用广泛普及，在线医疗、办公用户增长明显，中国已经成为名副其实的网络大国。

站在新起点，党的十九大报告中明确提出"建设网络强国"，表明互联网发展将进入全新的时代，亿万人民将在共享互联网发展成果上有更多实实在在的获得感。然而，从"网络大国"到"网络强国"仍任重而道远，如何在核心技术上取得突破，如何在国际竞争中占据领先，如何让互联网发展成果惠及更多的民众，是建设网络强国之路上必须攻克的难关。习近平总书记指出,"要从国际国内大势出发,总体布局,统筹各方,创新发展,努力把我国建设成为网络强国。"建设网络强国成为中国互联网发展的关键词。

从中央网络安全和信息化领导小组第一次会议首次提出建设网络强国的愿景目标,到十九大报告 8 次提到互联网,以习近平同志为核心的党中央深刻把握信息革命发展大势,提出了关于互联网发展治理的一系列新思想、新观点、新论断,形成了网络强国战略思想,对事关网络强国建设的一系列重大问题做出战略部署,网络强国战略已从"规划图"变成了"施工图"。《中华人民共和国国民经济和社会发展第十四个五年规划和 2035 年远景目标纲要》提出,要深入实施制造强国战略、推进网络强国建设,实现互联网行业的跨越式发展。实施网络强国战略,是适应时代发展之需,已经成为全党全社会的思想共识和行动自觉。

2021 年是中国共产党成立 100 周年,回首中华民族的发展史,中国农业社会经历的时间相对漫长,曾创造出灿烂的中华古代文明。但在近代走向了沉沦,在中国共产党的领导下,中华民族一定能够再次走向伟大复兴,全面建成社会主义现代化强国,建设网络强国则是新时代建设社会主义现代化强国的重要内容。习近平总书记指出:"自主创新推进网络强国建设,为决胜全面建成小康社会、夺取新时代中国特色社会主义伟大胜利、实现中华民族伟大复兴的中国梦做出新的贡献。"这不但是中华民族的梦,也是我们每个中国人的梦,中华儿女应时刻牢记肩上的责任和心中的使命,自觉地以习近平总书记关于网络强国的重要思想为指引,精准把握互联网发展大势,把个人追求和网络强国梦紧密融合,立足本职岗位,把好价值导向,聚合 14 亿人民、10 亿网民以更有力、更坚定的步伐合力共为,在通向网络强国的征程上步调一致、铿锵前行,为共建网络强国、共筑中国梦贡献自己的力量。

 辩一辩:是生活影响互联网,还是互联网影响生活?

第 2 章

互联网技术基础

互联网（Internet）采用TCP/IP协议将全世界不同国家、不同地区、不同部门和结构的不同类型的计算机，或骨干网、广域网、局域网，通过网络互联设备连接在一起，实现信息的传输，并通过各种不同软件应用的开发，改变人们的生产、生活及学习方式。人们采用合适的接入技术，即可将一台计算机或一个计算机网络接入Internet。

难重点笔记区

2.1 网络组成

2.1.1 网络硬件

互联网（Internet）是全球最大的、开放的、由众多网络组成的计算机网络，也可以理解为"网络的网络"。从物理结构角度看，也可分为网络硬件和网络软件两大部分，其中网络硬件主要由服务器、网络传输介质和网络互联设备等组成；网络软件主要包括网络系统软件、网络协议和网络应用软件等。

1. 服务器（Server）

服务器是一种高性能计算机，作为网络的节点，存储、处理网络上80%的数据、信息，被称为网络的灵魂。网络终端设备如家庭、企业中的PC上网，获取资讯，与外界沟通、娱乐等，也需要经过服务器，可以说，服务器在"组织"和"领导"这些设备，它是网络的核心设备,因此,服务器具有高速的 CPU 运算能力、长时间的可靠运行、强大的 I/O 外部数据吞吐能力以及更好的扩展性。

从外形方面来划分,服务器可以分为四种,分别是刀片式、机架式、塔式和机柜式,刀片服务器是指在标准高度的机架式机箱内可插装多个卡式的服务器单元,实现高可用和高密度,如图 2.1 所示。它是一种"HAHD"(High Availability High Density,高可用高密度)的低成本服务器平台,其主要结构为一大型主体机箱,内部可插上许多"刀片",其中每一块"刀片"实际上就是一块系统主板,通过"板载"硬盘启动自己的操作系统,类似于一个个独立的服务器,可以根据需要选择是否插入整个服务器系统的机柜中,主要应用集群服务。刀片服务器更加适用于大型建站企业,在集群的模式下,它可以同时使用,以提供高速的网络环境,提高用户体验度。

机架服务器外形看起来不像计算机,更像交换机,如图 2.2 所示。有 1 U(1 U=1.75 in[①])、2 U、4 U 等规格,可以将多台服务器安装到一个标准的 19 in 机柜里面,其明显优势在于占用面积小,比较节省空间,便于管理,是服务器租用托管中常用的服务器。企业在选择主机的时候,会考虑体积、功耗、发热量等主机的物理参数,以及如何在有限的空间内更合理地布局自己的服务器,以适合多台服务器同时工作的企业使用。

图 2.1 刀片服务器

图 2.2 机架服务器

塔式服务器是比较常见的一种服务,外形与立式的电脑相似,如图 2.3 所示。其主板扩展性较强、插槽较多,体积也相对较大,有足够的空间可以进行硬盘和电源的冗余扩展,功能、性能基本上能满足大部分企业用户的要求,其成本通常也比较低,因此应用范围广泛。其局限性是在空间占用较大,协同工作的系统管理不是很方便。

机柜式服务器一般情况下是由机架式、刀片式服务器加上其他设备组合成的。对于证券、银行、邮电等重要企业,采用机柜式服务器将许多不同的设备单元或几个服务器都放在一个机柜中,对于

图 2.3 塔式服务器

---

① 1 in=2.54 cm。

关键业务使用的服务器,采用双机热备份高可用系统或者是高性能计算机,保障系统的可用性。

根据在网络中所起的作用,服务器可分为文件服务器、打印服务器、数据库服务器、Web服务器、电子商务服务器等。文件服务器是最早的服务器种类,它可以执行文件存储和打印机资源共享的服务,至今,这种服务器还在办公环境里广泛应用。数据库服务器运行一个数据库系统,用于存储和操纵数据,向联网用户提供数据查询、修改服务,广泛应用在商业系统。Web服务器、E－Mail服务器等都是Internet应用的典型,它们能完成网页的存储和传送、电子邮件服务等。这些服务器不仅仅是一个硬件系统、一台计算机,往往还通过硬件和软件的结合来实现它们特定的功能。

 想一想:服务器是软件还是硬件?

2. 网络接口卡

网络接口卡就是网络适配器,又称网卡,计算机必须借助网卡才能实现数据的通信,它使用户可以通过电缆或无线相互连接。网卡按接头不同,分为BNC接头、AUI接头、RJ－45接头、光纤接头及无线网卡等。RJ－45接头网卡用来连接UTP(或STP网络电缆),因易于扩展,系统调度方便,目前使用较普遍。

光纤接头的网卡即光纤网卡,用来连接光纤,能够为用户在快速以太网网络上的计算机提供可靠的光纤连接,特别适用于接入信息点的距离超出五类线接入距离(100 m)的场所,可彻底取代普遍采用RJ－45接口以太网外接光电转换器的网络结构,为用户提供可靠的光纤到户和光纤到桌面的解决方案。

无线网卡用于连接无线网络,是在无线局域网的无线覆盖下通过无线连接网络进行上网使用的无线终端设备。如果你在家里或者所在地有无线路由器或者无线 AP(Access Point,无线接入点)的覆盖,就可以通过无线网卡以无线的方式连接无线网络进行上网。无线网卡按照接口的不同主要,包括 PCI 接口无线网卡、PCMCIA 接口网卡和 USB 无线网卡等,USB 无线网卡是一种以内置无线 Wi-Fi 芯片,并通过 USB 接口传输的网卡,连接电脑 USB 接口,安装完成驱动以后,电脑网卡列表中会出现新的无线网卡设备,通过 USB 无线网卡上网。

3. 传输介质

用来完成各设备之间的连接,即网线。传输介质的不同,对物理信道影响也不同,从而导致使用的网络技术也不相同,应用场合也是不同。一般网络通信介质可分为两大类:有线和无线。同轴电缆、双绞线、光纤是常用的三种有线传输介质,卫星通信、红外通信、激光通信以及微波通信的信息载体均属于无线传输媒体。

(1)同轴电缆

同轴电缆是一种历史悠久的传输介质,在双绞线还未盛行之前,它几乎是计算机网络传输介质的霸主,广泛应用于各种计算机网络环境中。同轴电缆主要分为两类:粗缆和细缆,细缆主要用于建筑物内的网络连接,而粗缆则常用于建筑物间的连接。它们的区别在于粗缆的屏蔽性更好,能传输更远的距离。不论是粗缆还是细缆,其中央都是一根铜线,外面包有绝缘层,如图 2.4 所示。

图 2.4 同轴电缆(细缆和粗缆)

(2)双绞线

双绞线是由两条导线按一定扭矩相互绞合在一起的类似于电话线的传输媒体,每根线加绝缘层并用颜色来标记,成对线的扭绞旨在使电磁辐射和外部电磁干扰减到最小。双绞线电缆可以分为两类:屏蔽型双绞线(STP)和非屏蔽型双绞线(UTP)。屏蔽型双绞线外面环绕着一圈保护层,有效减小了影响信号传输的电磁干扰,但相应增加了成本。而非屏蔽型双绞线没有保护层,易受电磁干扰,但成本较低。屏蔽型双绞线(STP)和非屏蔽型双绞线(UTP)如图 2.5 所示。

图 2.5 屏蔽型双绞线和非屏蔽型双绞线

(a)屏蔽型双绞线;(b)非屏蔽型双绞线

双绞线常见有五类线和超五类线、六类线、超六类线、七类线以及最新的八类线，其中，五类线、六类线、七类线及八类线线芯的直径都有所增加，使用的铜质越优质，传输的速率越快，越稳定。

①五类线：传输带宽为 100 Mb/s，网线外表皮标注的是"CAT5"标识。

②超五类线：传输带宽 100～1 000 Mb/s，网线外表皮标注的是"CAT5e"标识。具有更高的衰减与串扰的比值和信噪比、更小的时延误差，性能得到很大提高。

③六类线：传输带宽为 1 000 Mb/s，外表皮标注"CAT6"。应用在千兆网络当中，性能远远高于超五类双绞线。

④超六类线：也称 6A 网线，标注"CAT6e"，可支持万兆网络。

⑤七类线：主要为了适应万兆位以太网技术的应用和发展。但它不再是一种非屏蔽双绞线了，而是一种屏蔽双绞线，所以它的传输频率至少可达 500 MHz，是六类线和超六类线的 2 倍以上，传输速率可达 10 Gb/s。

⑥八类线：八类网线是最新一代的网线，跟七类网线一样，是双层屏蔽（SFTP），它拥有两个导线对、2 000 MHz 的超高宽屏，传输速率高达 40 Gb/s，但它最大传输距离仅有 30 m，故一般用于短距离数据中心的服务器、交换机、配线架以及其他设备的连接。

在不需要较强抗干扰能力的环境中，选择双绞线，既利于安装，又节省了成本，所以双绞线往往是办公环境下网络介质的首选。对于五类、超五类、六类双绞线来说，均有四对颜色不同、相互绞合的线，按照 EIA/TIA568A 标准描述，其连接的线序从左到右依次为：白绿、绿、白橙、蓝、白蓝、橙、白棕、棕；EIA/TIA568B 标准描述的线序从左到右则依次为：白橙、橙、白绿、蓝、白蓝、绿、白棕、棕。双绞线制作线序如图 2.6 所示。

百兆网线A端线序：橙白-1，橙-2，绿白-3，蓝-4，蓝白-5，绿-6，棕白-7，棕-8
百兆网线B端线序：橙白-1，橙-2，绿白-3，蓝-4，蓝白-5，绿-6，棕白-7，棕-8
千兆网线C端线序：橙白-1，橙-2，绿白-3，蓝-4，蓝白-5，绿-6，棕白-7，棕-8
千兆网线D端线序：绿白-1，绿-2，橙白-3，棕白-4，棕-5，橙-6，蓝-7，蓝白-8

图 2.6 双绞线制作线序

在用双绞线组网的时候,一定要按线的颜色对应接线,否则,会使通信不稳定。一条网线两端 RJ-45 头中的线序排列完全相同的网线,称为直通线（Straight Cable）,也就是说,直通线两端全部采用 EIA/TIA568B 标准或者全部采用 EIA/TIA568A 标准,直通线通常适用于计算机到集线器或交换机之间的连接。当使用双绞线直接连接两台相同设备时,如两台计算机、两台集线器、两台交换机,两端的线序排列则就不一致了,相对直通线而言,另一端的线序应做相应的调整,即第 1、2 线和第 3、6 线对调,或者说一端采用 EIA/TIA568B 标准,另一端采用 EIA/TIA568A 标准,这种双绞线称为交叉线（Crossover Cable）。不过,在目前,有些厂商对网络设备进行了技术升级,在连接设备的时候不需要再区别是采用直通线还是交叉线了。

动一动：动手制作一根双绞线。

写下步骤：

(3) 光纤

光导纤维,是一种传输光束的细而柔韧的介质,简称光纤。它的独特的性能使它成为数据传输中最有成效的一种传输介质。它是由许多细如发丝的塑胶或玻璃纤维外加绝缘护套组成的,其结构如图2.7所示。光束在玻璃纤维内传输,不会受到电磁的干扰,传输速率高,传输稳定,质量高,主要是在要求传输距离较长、布线条件特殊的情况下用于主干网的连接。

图2.7 光纤的结构示意图

光纤类型有单模光纤和多模光纤。单模光纤(Single-mode Fiber)的中心玻璃芯很细,纤芯直径一般为 9 μm,只能传一种模式的光。通常在建筑物之间或地域分散的环境中使用,传送距离为几十千米,适用于远程通信。多模光纤(Multimode Fiber)的中心玻璃芯较粗,纤芯直径为 50 μm 或 62.5 μm,可传多种模式的光。一般用于建筑物内或地理位置相邻的环境中,比如,纤芯直径为 50 μm 的多模光纤多用于室内。相对而言,单模传输性能优于多模传输。

光纤的安装和维护比较困难,需要专用的设备。而且利用光纤连接网络,每端必须连接光/电转换器。另外,还需要一些其他辅助设备。光纤辅助设备如图2.8所示。

图2.8 光纤辅助设备

议一议：F5G有什么意义？

> • **知识拓展：F5G**
>
> 迈入万物互联的智能时代，连接将无处不在，成为整个智能社会的坚实底座。像移动网络一样，光纤网络也已经迈入了第五代。F5G就是第五代固定网络，也称为F5G全光网。与5G类似，都是由国际标准组织为面向产业互联网应用场景提出的新一代通信标准。5G适用于移动性、多连接的场景，比如无人机、车联网等；而F5G则适用于固定性、大带宽、低时延和高安全的场景，比如工业互联网、数据中心互联和企业园区等。5G与F5G互为补充，在不同的业务场景发挥着不可替代的作用，如果说5G是天上一张网，那么F5G就是地上一张网。
>
> 从F1G到F4G，固定网络不仅给家庭带来新的沟通、娱乐方式，并且通过信息化提升企业办公和管理效率，引起办公方式的革命。目前，我们正迈入数字化时代，F5G和5G一起，通过使能产业互联网，掀起一场生产方式的革命。F5G时代，全光网络将进一步拓宽连接的边界，由家庭网络向企业网络和生产网络延伸，为企业数字化转型建设高质量的网络基础设施。
>
> F5G光改升级，带动的是整个国家产业的一次全面升级，是一次国家级的大战略部署。华为公司预测，未来五年，F5G将带来至少千亿级的产业投资空间，惠及政务、电力、交通、教育、制造、金融等各行业，激发新一轮的经济增长。新风口下，只有抓住F5G的机遇实现网络升级转型，才能成为数字化浪潮中的赢家，以华为为代表的科技企业，正在这场以F5G技术为代表的信息基础设施建设上全面布阵，抢占新基建的制高点。

（4）无线介质

无线传输介质是指在两个通信设备之间不使用任何物理连接，而是通过空间传输的一种技术。从理论上讲，无线介质一般应用于难以布线的场合或远程通信，常见有无线电波、微波、红外线和激光等。

无线电波是指在自由空间（包括空气和真空）传播的射频频段的电磁波，无线电技术是通过无线电波传播声音或其他信号的技术。无线电最早应用于航海中，使用摩尔斯电报在船与陆地间传递信息。

微波是指频率为300 MHz～300 GHz的电磁波，即波长在1 m（不含1 m）到1 mm之间的电磁波，是分米波、厘米波、毫米波的统称，具有易于集聚成束、高度定向性以及直线传播的特性。大气对微波信号的吸收与散射影响较大，传输距离短，但机动性好，工作频宽大，可用来在无阻挡的视线自由空间传输高频信号。除了应用于 5G 移动通信的毫米波技术之外，微波传输多在金属波导和介质波导中进行。

以红外线的方式传递数据，可以很方便地在办公室环境下实现无线方式连接，红外线通信几乎不会受到电气、天电、人为干扰，抗干扰性强；不易被人发现和截获，保密性强；可传输语言、文字、数据、图像等信息。红外线在手机、笔记本计算机、无线键盘、无线鼠标或对于不适用高频通信的精密仪器或是医疗环境中有非常广阔和固定的空间。

激光传输可以用于在空中传输数据。和微波通信相似，至少要有两个激光站组成，每个站点都拥有发送信息和接收信息的能力。激光设备通常是安装在固定位置上，通常安装在高山上的铁塔上，并且天线相互对应。由于激光束能在很长的距离上得到聚焦，因此，激光的传输距离很远，能传输几十千米。

 动一动：用手机连接并登录校园无线网络。

写下步骤：

4. 网络互联设备

网络是按照一定的结构，使用网络互联设备连接组成的。互联设备的种类繁多，并且与日俱增，常见网络设备有中继器、网桥、路由器、交换机、光调制解调器等，它们在网络中分别起着不同的作用。

（1）中继器

中继器（RP repeater）是连接网络线路的一种装置，常用于两个网络节点之间物理信号的双向转发工作。中继器是最简单的网络互联设备，主要完成物理层的功能，负责在两个节点的物理层上按位传递信息，完成信号的复制、调整和放大功能，以此来延长网络的长度。

（2）集线器

集线器的英文名称就是通常见到的 HUB，英文 HUB 是"中心"的意思。集线器的主要功能是对接收到的信号进行再生、整形、放大，以扩大网络的传输距离，可以说它是一种特殊的多口中继器。集线器作为中心节点，实现各个工作站及服务器之间的点对点连接。其连接简单方便，单个端口设备的故障不会影响整个网络的连接。但目前在局域网中已很少使用。

（3）网桥

网桥（Bridge）也称桥接器，常用于连接两个或更多个局域网，扩展局域网覆盖范围；具有筛选和过滤的功能，可以适当隔离不需要传播的信息，从而改善网络性能，包括提高整个局域网的数据吞吐量和网络响应速度。利用网桥互联子网的应用十分广泛，例如：一个企业的各个部门可能根据不同的需要形成各种局域网络，当部门之间希望互联时，网桥是较佳的互联部件。也可以利用网桥隔离信息，将同一个网络号划分成多个网段（属于同一个网络号），隔离出安全网段，防止其他网段内的用户非法访问。由于网络的分段，各网段相对独立（属于同一个网络号），一个网段的故障不会影响到另一个网段的运行。网桥可以是专门硬件设备，也可以在计算机上安装网桥软件来实现。随着通信技术的不断进步，无线网桥进入人们视野。无线网桥，顾名思义，就是无线网络的桥接，它利用无线传输方式实现在两个或多个网络之间搭起通信的桥梁；在面积较大的家庭或办公环境（如别墅、写字间等），由于路由器无线覆盖范围有限，部分区域信号较弱或存在信号盲点，利用路由器的 WDS（Wireless Distribution System，无线分布式系统）桥接功能可以将无线路由器通过无线方式连接到已有信号，从而实现了无线网络覆盖范围的延伸，使得无线信号的覆盖范围更加广泛，可以让用户更加方便地使用无线网络，如图 2.9 所示。

图 2.9　网桥

现阶段，无线网桥可用于无线数据采集、无线数据传输、室外无线信号覆盖、室外远距离无线桥接等方面，被广泛应用在智慧城市、智能交通、安防监控、车载监控、智能家居等领域。随着 5G 时代到来，无线网桥的多功能、易于施工等特点使得其应用优势更为明显，未来应用比例将持续攀升。

(4) 交换机

随着连接设备硬件技术的提高,已经很难再把集线器、网桥、路由器和交换机相互之间的界限划分得很清楚了。事实上,交换机相当于一台多口的网桥。使用交换机可以显著地提高整个用户网络的应用性能,因此,交换机越来越受到更多网络用户的青睐。

交换机设备除了在速度上给网络用户带来优势外,还可以比传统的网络共享设备提供更多的功能。随着交换机市场竞争的愈趋激烈,交换设备的价格也更加能为用户所接受。相对于用集线器组成的网络——共享式网络,我们把用交换机组成的网络称为交换式网络。也就是说,集线器采用共享方式进行数据传输,而交换机的工作原理则采用"交换"式进行数据传输。如果把"共享"和"交换"理解成公路,"共享"方式就是来回车辆共用一个车道的单车道公路,而"交换"方式则是来回车辆各用一个车道的双车道公路,"共享"和"交换"的数据传输方式示意如图 2.10 所示。

图 2.10 共享和交换的区别

(a) "共享"方式;(b) "交换"方式

共享式以太网存在的主要问题是所有用户共享带宽,每个用户的实际可用带宽随网络用户数的增加而递减。这是因为当信息繁忙时,多个用户可能同时"争用"一个信道,而一个信道在某一时刻只允许一个用户占用,所以大量的用户经常处于监测等待状态,致使信号传输时产生抖动、停滞或失真,严重影响了网络的性能。而在交换式以太网中,交换机通过内部的交换矩阵将网络划分为多个网段,提供给每个用户专用的信息通道,除非两个源端口企图同时将信息发往同一个目的端口,否则,多个源端口与目的端口之间可同时进行通信而不会发生冲突。

交换机在连接方式、速度选择等方面与集线器基本相同,只是在工作方式上有所不同,比如,交换机在速度上同样分为 10 Mb/s、100 Mb/s 和 1 000 Mb/s 等几种,目前社会上已经有万兆交换机的使用,所提供的端口数多为 8 口、16 口和 24 口几种,只是设备成本较高。

网络交换机在网络中一般作为局域网(LAN)的核心主干连接设备,如网络中心、数据中心等,或者用在一些较高网络通信流量的场合,如图像处理、视频流等,对网络响应速度要求比较高的场合经常采用。

问一问：观察交换机的外部结构，弄清各接口的作用、接线方式及各指示灯的含义。

（5）路由器

路由器（Router）是连接互联网中各局域网、广域网的设备，路由器通过路由决定数据的转发，转发策略称为路由选择（routing），这也是路由器名称的由来，它通过读取每一个数据包中的地址，根据信道的情况自动选择和设定路由，以最佳路径按前后顺序发送信号。因此，路由器承担了网络间网关的作用，相当于互联网的枢纽。路由器很好地通过对网络上众多的信息进行转发与交换，也就是路由技术。选择通畅快捷的近路，能大大提高通信速度，减轻网络系统通信负荷，节约网络系统资源，提高网络系统畅通率，从而满足了普通大众对数据、语音和图像的综合应用，推动和促进了整个互联网和网络技术的发展。

作为互联网的主要结点设备，路由器系统构成了基于 TCP/IP 的国际互联网络 Internet 的主体脉络，或者说，路由器构成了 Internet 的骨架，因此，路由器的处理速度是网络通信的主要"瓶颈"之一，它的可靠性则直接影响着网络互连的质量。目前，路由器广泛应用于各行各业，各种不同档次的产品已经成为实现各种骨干网内部连接、骨干网间互联和骨干网与互联网互联互通业务的主力军。按功能划分为接入级、企业级和骨干级路由器。

①接入路由器。接入路由器连接家庭或 ISP 内的小型企业客户，是位于网络外围（边缘）的路由器，家用的无线路由器就属于接入路由器。在局域网和广域网技术尚有很大差异的今天，接入路由器肩负着多种重任，简单地说，就是要满足用户的多种业务需求，从简单的联网到复杂的多媒体业务和 VPN 业务等。这需要接入路由器在硬件和软件上都有过硬的实现能力。各设备提供商因此展开了激烈的竞争，派生出各种新鲜的技术手段。

②企业级路由器。从字面上来解释，就是一种企业专门使用的网络连接设备，事实上，企业级路由器主要是连接企业局域网与广域网，一般来说，企业异种网络互联、多个子网互联，都应当采用企业路由器来完成。对于大中型企业来说，路由器不再是简单的网络出口，而是承载多种业务传输的大动脉，能够提供丰富的端口，接入多样化的业务系统，支撑企业灵活多变的业务需求。

③骨干级路由器。互联网目前由几十个骨干网构成，每个骨干网服务几千个小网络，骨干级路由器实现企业级网络的互联。对它的要求是速度和可靠性，而代价则处于次要地位。硬件可靠性可以采用电话交换网中使用的技术，如热备份、双电源、双数据通路等来获得。这些技术对所有骨干路由器来说是必需的。骨干网上的路由器连接长距离骨干网上的 ISP 和企业网络，只有工作在电信等少数部门的技术人员，才能接触到骨干级路由器。

飞速发展的网络技术不断推动着路由器性能的提升，并且在实际的应用中让路由器变得越来越智能，而且业务能力越来越强。随着 IP 网络和业务的迅猛发展，业务性能在网络中将起到越来越重要的作用，业务更加智能、部署运维更加简便等内在因素让路由器的发展进入了一个全新的时期。

（6）无线路由器

无线路由器是一种应用于用户上网、带有无线覆盖功能的路由器，可将其看作一个转发器，将宽带网络信号通过天线转发给附近的无线网络设备，它集多项功能于一体。

①无线路由器是一款简单的路由器，具有路由器的基本功能——网络互连，支持局域网（家庭或中小型企业客户）与 Internet 的互连，支持 NAT 实现局域网共享上网。

②无线路由器作为宽带接入设备，支持各种宽带接入方式，一般都支持 LAN、ADSL、专线等常规接入。

③无线路由器为了使中小型用户组网方便，内置了一个小交换机，一般提供 4 个或 8 个交换端口，便于用户组建自己的内网；同时，支持 DHCP 服务，自动分配 IP 地址，提供安全、可靠、简单的网络设置，避免地址冲突，这些对于缺乏专业知识的家庭、中小型单位用户来说非常重要。

④无线路由器为了满足中小型网络用户的安全需要，内置了一个基本的防火墙，支持 MAC 地址过滤、ACL、DMZ 等安全措施；部分无线路由器支持 VPN 功能，利用 Internet 公用网络建立一个安全的私有网络，对于企业用户来说，不仅可以节约开支，而且能保证企业信息安全。

与大型的路由器比较起来，无线路由器的结构相对简单，技术门槛较低，厂商的研发也显得十分容易，致使为数不少的网络设备厂商都推出了自己的宽带路由产品，不仅思科、华为、3Com、D-Link、中兴等传统的网络设备大厂商推出无线路由器产品，TP-Link、腾达、阿尔法等新兴的国内厂商也不断地推出新品。图 2.11 所示为家用无线路由器。

图 2.11　无线路由器

随着技术的不断发展，无线路由器的功能在不断扩展。市场上大部分无线路由器提供 VPN、防火墙、DMZ、按需拨号、支持虚拟服务器、支持动态 DNS 等功能。

- MAC 功能：目前大部分宽带运营商都将 NAC 地址和用户的 ID、IP 地址捆绑在一起，以此进行用户上网认证。带有 MAC 地址功能的无线路由器可将网卡上的 MAC 地址写入，让服务器通过接入时的 MAC 地址验证，以获取宽带接入认证。

- 网络地址转换（NAT）功能：NAT 功能将局域网内分配给每台电脑的 IP 地址转换成合法注册的 Internet 中实际 IP 地址，从而使内部网络的每台电脑可直接与 Internet 上的其他主机进行通信。

- 动态主机配置协议（DHCP）功能：DHCP 能自动将 IP 地址分配给登录到 TCP/IP 网络的客户工作站。它提供安全、可靠、简单的网络设置，避免地址冲突。这对于家庭用户来说非常重要。

- 防火墙功能：防火墙可以对流经它的网络数据进行扫描，从而过滤掉一些攻击信息。防火墙还可以关闭不使用的端口，从而防止黑客攻击。而且它还能禁止特定端口流出信息，禁止来自特殊站点的访问。

- 虚拟专用网（VPN）功能：VPN 能利用 Internet 公用网络建立一个拥有自主权的私有网络，一个安全的 VPN 包括隧道、加密、认证、访问控制和审核技术。对于企业用户来说，这一功能非常重要，不仅可以节约开支，而且能保证企业信息安全。

- DMZ 功能：DMZ（Demilitarized Zone）即俗称的非军事区，可以理解为一个不同于外网或内网的特殊网络区域。DMZ 内通常放置一些不含机密信息的公用服务器，比如 Web、Mail、FTP 服务器等。不允许任何访问，实现内外网分离，达到用户需求。

- DDNS 功能：DDNS 是动态域名服务，能将用户的动态 IP 地址映射到一个固定的域名解析服务器上，使 IP 地址与固定域名绑定，完成域名解析任务。DDNS 可以帮你构建虚拟主机，以自己的域名发布信息。

另外，无线路由器还有即插即用（uPnP）、自动线序识别等功能。可以说，无线路由器集成了路由、交换、安全防火墙等功能于一体，针对小型用户简单而又实用的需求特点，价格远远低于用作网关的服务器和传统路由器，完全可以在家用到小型企业的应用中代替这些网关设备。正是由于这些优势，无线路由器在短短的几年时间中快速地发展起来，成为目前组建小型多功能网络时不可或缺的部件之一。

（7）光调制解调器

在网络普及初期，互联网采用电话线来传输网络信号，调制解调器作为一种接入设备，在发送端将网络信号（数字信号）转化为模拟信号在电话线中传输，在接收端解调信号，即将电话线中的模拟信号转化为网络信号（数字信号）。随着光宽带的普及，普通调制解调器已经衰落，光宽带利用光纤作为传输介质进行网络传输，就需要光调制解调器来担当光信号转换的重任。

光调制解调器，俗称"光猫"，是调制解调器的一种，作为光纤通信系统的关键器件，变得越来越普及。"光猫"装在光纤的两端，对传送的数据进行电信号与光信号形式转换。常常说到的家庭光纤接入，光猫是第一道入口，起到光电转换的作用，大部分光猫带有无线功能，可以兼顾光电转换和无线路由器功能，它也可以接无线路由器搭建 Wi-Fi 网络，如图 2.12 所示。

图 2.12　光调制解调器

问一问：人们常说的 Modem（猫）与路由器有何区别？

2.1.2　拓扑结构

所谓拓扑，就是把实体抽象成与其大小、形状无关的"点"，而把连接实体的线路抽象成"线"，进而以图的形式来表示这些点与线之间关系的方法，其目的在于研究这些点、线之间的相连关系，表示点和线之间关系的图被称为拓扑结构图。在计算机网络中，把计算机、终端、通信处理机等设备抽象成点，把连接这些设备的通信线路抽象成线，并将由这些点和线所构成的拓扑称为网络拓扑结构。在计算机网络中，常见的拓扑结构有总线型、星型、环型、树型和网状型等。

1. 总线型拓扑

总线型拓扑采用单根传输线路作为传输介质，所有工作站和其他共享设备（如服务器、打印机）等通过相应的硬件接口连到这个公共信道上，这个公共的信道称为总线，如图 2.13 所示。总线有一定的负载能力，而且总线的长度有一定限制，一条总线也只能连接一定数量的结点。同时，也由于只有一条信道，所以在一个时刻只能有一个站发送数据，另一个站点接收数据，如何解决多站争用总线的问题，是总线型网络的关键问题之一。

图 2.13　总线型拓扑结构

总线拓扑结构简单灵活，非常便于扩充；可靠性高，网络响应速度快；价格低、安装使用方便，是基本局域网拓扑形式之一，也是最传统的一种网络结构，适用于信息管理系统、办公自动化系统等领域的应用。

2. 星型拓扑

图 2.14 所示的星型拓扑中有一个中心节点，通常采用 HUB 或者交换机，其他各节点通过各自的线路与中心节点相连，形成辐射型结构。在星型网中，各节点间的通信必须通过中心节点的作用，所以中心节点的故障会直接造成整个网络的瘫痪。

但是也正因为这种结构，任何一个连接只涉及中心节点和一个站点，所以单个站点的故障也只影响一个站点，不会影响全网，因此容易检测和隔离故障，增加一个站点也不会影响整个网络，重新配置网络十分方便。星型拓扑的网络具有结构简单、易于建网和易于管理等特点，但这种结构要耗费大量的电缆，目前，星型拓扑经常应用于小型局域网中。

图 2.14 星型拓扑结构

3. 树型拓扑

树型拓扑结构可以认为是星型拓扑的一种扩展,也称为扩展星型拓扑。它采用分层结构,包括有根节点和各分支节点,如图 2.15 所示。星型网络中只有一个转发节点,而树型网络中除了叶节点外,所有根节点和子树节点都是转发节点,这两种网络都属于集中控制的通信网。只要采用合理的连接方案,就可使树型结构通信线路的总费用比星型结构低很多,但结构比星型的复杂。数据在传输中要经过多条链路,时延较大,适用于汇集信息的场合,比如,需要进行分级管理和收集信息的网络。

图 2.15 树型拓扑结构

4. 环型拓扑

如图 2.16 所示的环型拓扑中,各节点和通信线路连接形成一个闭合的逻辑环。在环路中,数据按照一个方向传输。发送端发出的数据,沿环绕行一周后,回到发送端,由发送端将其从环上删除。可以看到任何一个节点发出的数据都可以被环上的其他节点接收到。

图 2.16 环状拓扑结构

在环型网中,由于信息是沿固定方向流动的,两个节点间仅有唯一的通路,大大简化了路径选择的控制;某个节点发生故障时,可以自动旁路,可靠性较高;由于信息是串行穿过多个节点环路接口,当节点过多时,影响传输效率,使网络响应时间变长。但当网络确定时,其延时固定,实时性强;由于环路封闭,故扩充不方便。环型网作为微机局域网常用拓扑结构之一,适合信息处理系统和工厂自动化系统。

5. 网状拓扑

网状结构是由分布在不同地点的计算机系统经信道连接而成,其形状任意。每个节点都有多条线路与其他节点相连,这样使得节点之间存在多条路径可选,在传输数据时可以灵活地选用空闲路径或者避开故障线路,这对点到点通信最为理想,所以网状拓扑可以充分、合理地使用网络资源,并且具有可靠性高的优点。广域网覆盖面积大,传输距离长,网络的故障会给大量的用户带来严重的危害,因此,在广域网中,为了提高网络的可靠性,通常采用网状拓扑结构。

 动一动:利用 WPS 软件绘制网络拓扑结构图。

写下步骤:

2.2　IP 地址

2.2.1　TCP/IP 协议

协议这个词来自我们的日常用语,如买卖双方签订销售协议、应聘者与聘用单位签订聘用协议等,广义上讲,协议就是当事双方就某一事件的约定。通过网络交互信息,通信双方必须事先约定,遵守一组相同的规则,才能确保数据能通过网络从数据源成功地传送到数据目的地,这些规则的集合就是网络协议。

在 Internet 没有形成之前,各个地方已经建立了很多小型的网络,称为局域网,Internet 实际上就是将全球各地的局域网连接起来而形成的一个"计算机网络的网络"。然而,在连接之前,各式各样的局域网却存在不同的网络结构和数据传输规则,那么将这些小网连接起来后,各网之间要通过什么样的规则来传输数据呢?这就像世界上有很多个国家,各个国家的人说各自的语言,那么世界上任意两个人要怎样才能互相沟通呢?如果全世界的人都能够说同一种语言(即世界语),这个问题不就解决了吗?TCP/IP 协议正是 Internet 上的"世界语"。

TCP/IP(Transmission Control Protocol/Internet Protocol,传输控制协议/网际协议)包括两个协议:传输控制协议(TCP)和网际协议(IP),但 TCP/IP 实际上是一组协议,它包括上百个各种功能的协议,如远程登录(Telnet)、文件传输(FTP)、超文本传输协议(HT-TP)和 Internet 控制报文协议(ICMP)等,因此,TCP/IP 是 Internet 协议集,而不单单是 TCP 和 IP。但 TCP 协议和 IP 协议是保证网络中数据完整传输的两个基本的重要协议,它们负责把需要传输的信息分割成许多"小包"(也称为"数据包"),然后将这些数据包发往目的地,它能有效地保证传输的安全性和正确性。

在现实生活中,我们进行货物运输时,都是把货物包装成一个个的纸箱或者是集装箱之后才进行运输,在网络世界中,各种信息也是通过类似的方式进行传输的。IP 协议规定了数据传输时的基本单元和格式。如果比作货物运输,IP 协议规定了货物打包时的包装箱尺寸和包装的程序。除了这些以外,IP 协议还定义了数据包的递交办法和路由选择。同样用货物运输做比喻,IP 协议规定了货物的运输方法和运输路线。

IP 协议已经规定了数据传输的主要内容,但传输是单向的,也就是说,发出去的货物对方有没有收到我们是不知道的,就好像我们平时在邮局发给朋友的平信一样。正因为如此,对于那些重要的信件,我们会寄挂号信。TCP 协议就是帮我们寄"挂号信"的。TCP 协议提供了可靠的面向对象的数据流传输服务的规则和约定。简单地说,在 TCP 模式中,当你的计算机需要与另一台远程计算机连接时,TCP 协议会让你们建立一个连接,用于发送和接收资料以及终止连接。当对方发一个数据包给你时,你就需要发一个确认数据包给对方，从而通过这种确认来提供可靠性。

综上所述，虽然 IP 和 TCP 这两个协议的功能不尽相同，也可以分开单独使用，但它们是在同一时期作为一个协议来设计的，并且在功能上也是互补的。只有两者的结合，才能保证 Internet 在复杂的环境下正常运行。凡是要连接到 Internet 的计算机，都必须同时安装和使用这两个协议，因此，在实际中常把这两个协议统称作 TCP/IP 协议。在实际的应用中，TCP/IP 需要一个"IP 地址"、一个"子网掩码"、一个"默认网关"、一个"主机名"和一个"域名"。

IP 地址用于给网络中的计算机进行编号，IP 地址是计算机在网络中的唯一标识，常见的 IP 地址分为 IPv4 与 IPv6 两大类。

动一动：查看本机的 TCP/IP 配置情况。

步骤如下：

1. 查看本地计算机名称

选中桌面上的"计算机"图标，按下鼠标右键，在出现的右键菜单栏中，选择"属性"，在计算机"属性"窗口中，在窗口右下方的"计算机名称、域和工作组设置"栏目下，就可以看到计算机的名称了。

2. 查看本地计算机的 IP 地址

①打开控制面板，如图 2.17 所示。在打开的窗口中单击"网络和 Internet"下的"查看网络状态和任务"超链接，弹出如图 2.18 所示窗口。

图 2.17 控制面板

图 2.18　更改适配器设置

②在打开的窗口中单击左窗口的"更改适配器设置"超链接。然后在打开的窗口中，双击"本地连接"图标，弹出如图 2.19 所示窗口。

图 2.19　本地连接

③单击"详细信息"按钮,在弹出的如图 2.20 所示窗口中,就可以查看到详细的 IP 地址信息了。

图 2.20　详细信息

2.2.2　IPv4 地址

1. IP 地址概念

Internet 上的每一台独立的计算机都有唯一的地址与之对应,这就像实际生活中的门牌号码,每个房间都有一个独立的门牌号码与其他房间区分开来。这个地址即 IP(Internet Protocol)地址。根据 TCP/IP 协议规定,IP 地址是由 32 位二进制数组成的,而且在 Internet 范围内是唯一的。例如,因特网上某台计算机的 IP 地址为 11010010 01001001 10001100 00000010,很明显,这些二进制数字对于人来说不太好记忆。人们为了方便记忆,将组成计算机 IP 地址的 32 位二进制分成四段,每段 8 位,中间用小数点隔开,将每 8 位二进制转换成十进制数,如 210.73.140.2,这种书写方法叫作点数表示法,每个字节的数值范围是 0~255。

IP 地址的结构与电话号码有类似之处,其前几位表示该电话属于哪个地区,后面的数字表示该地区的某个电话号码,IP 地址的 4 个字节也划分为两个部分,一部分用于标明具体的网络段,即网络标识,同一个网络上所有主机是同一个网络标识,该标识在 Internet 中也是唯一的;另一部分用于标明具体的节点,即主机标识,对于同一个网络标识来说,主机标识是唯一的。没有两个网络能够分配同一个网络标识,同一网络上的两台计算机也不可能分配同一个主机标识。

2. IPv4 地址分类

通过 IP 地址可以确认网络中的任何一个网络和计算机,而要区分不同的网络或其中的计算机,则要根据这些 IP 地址的分类来确定,一般将 IP 地址分为 A、B、C 三类及特殊地址 D、E。

(1) A 类地址

如果用二进制表示 A 类 IP 地址的话,它由 1 字节的网络标识和 3 字节的主机标识组成,其网络标识的最高位固定是"0"。在十进制表示的四段数值中,第一段数值为网络标识,表示网络本身的地址,剩下的三段数值为主机标识,表示本地连接于网络上的主机的地址,第一段数值范围是 1~126。其表示范围为 0.0.0.0~126.255.255.255。由此可以看出,A 类地址只有 124 个网络标识号,每个网络中最多可容纳 $2^{24}-2$(即 16 777 214)台主机,一般分配给具有大量主机(直接个人用户)而局域网络个数较少的大型网络。

(2) B 类地址

如果用二进制表示 B 类 IP 地址的话,它由 2 字节的网络标识和 2 字节的主机标识组成,其网络标识的最高位固定是"10"。在十进制表示的四段数值中,前两段数值为网络标识,表示网络本身的地址;后两段数值为主机标识,表示本地连接于网络上的主机的地址。第一段数值范围是 128~191,其表示范围为 128.0.0.0~191.255.255.255。B 类地址允许有 $2^{14}=16\ 384$ 个网段,网络中的主机标识占 2 组 8 位二进制数,每个网络允许有 $2^{16}-2=65\ 533$ 台主机,适用于主机比较多的大、中规模网络。

(3) C 类地址

如果用二进制表示 C 类 IP 地址的话,它由 3 字节的网络标识和 1 字节的主机标识组成,其网络标识的最高位固定是"110"。在十进制表示的四段数值中,前三段数值为网络标识,表示网络本身的地址;最后一段数值为主机标识,表示本地连接于网络上的主机的地址。第一段数值范围是 192~223,其表示范围为 192.0.0.0~223.255.255.255。C 类地址允许有 $2^{21}=2\ 097\ 152$ 个网段,网络中的主机标识占 1 组 8 位二进制数,每个网络允许有 $2^8-2=254$ 台主机,其网络地址数量相对较多,适用于小规模的局域网络,如中小型局域网和校园网,每个网络最多只能包含 254 台计算机。IP 地址分类见表 2.1,其使用范围归纳见表 2.2。

表 2.1　IP 地址分类

网络类别	标识					
	第 1 个字节			第 2 个字节	第 3 个字节	第 4 个字节
A	0		网络标识	主机标识		
B	1	0	网络标识		主机标识	
C	1	1	0	网络标识		主机标识

表 2.2　IP 地址的使用范围

网络类别	最大网络数	第一个可用的网络号	最后一个可用的网络号	每个网络中的最大主机数
A	126（2^7-2）	1	126	16 777 214
B	16 384（2^{14}）	128.0	191.255	65 534
C	2 097 152（2^{21}）	192.0.0	223.255.255	254

　动一动：利用命令查看本机 IP 地址等信息。

步骤如下：

①按电脑键盘中的快捷键 Win + R，打开"运行"对话框，然后在"打开"后面键入"cmd"，如图 2.21 所示，单击"确定"按钮或按 Enter 键调出"cmd"窗口（命令提示符）。

图 2.21　"运行"对话框

②在调出的"cmd"窗口命令符后，输入命令"ipconfig"，按 Enter 键运行，之后就可以看到一大串有关 IP 地址的信息了，在里面就可以找到 IPv4 地址和 IPv6 地址，如图 2.22 所示。

图 2.22 cmd 窗口

(4) 特殊地址

D 类地址和 E 类地址用途比较特殊，D 类地址的最前面为 "1110"，其网络标识取值为 224～239，一般用于多路广播用户，被称为多播地址，供特殊协议向选定的节点发送信息时使用。E 类地址的最前面为 "1111"，其网络标识取值为 240～255，是保留给将来使用的，为保留地址。除了上面所说的这些 IP 地址外，还有几种特殊类型的 IP 地址。

①回环地址：网络地址中不能以十进制的 127 开头，127.0.0.0～127.255.255.255 均为保留地址，给系统做诊断用，叫作回环地址（loopback address）。常采用 Ping 127.0.0.1 测试本机的网卡是否正常。

②网络地址：用于表示网络本身，具有正常网络号的部分，而主机号部分全部为 0 的 IP 地址称为网络地址，如 172.16.10.0 就是一个 B 类网络地址。

③广播地址：用于向网络中的所有设备进行广播，具有正常的网络号部分，而主机号部分全为 1（即 255）的 IP 地址称为广播地址，如 172.16.45.255 就是广播地址。

具体的特殊 IP 地址见表 2.3。

表 2.3 特殊的 IP 地址

网络标识	主机标识	地址类型	用途
任何	全 "0"	网络地址	代表一个网段
任何	全 "1"	广播地址	特定网段的所有节点

续表

网络标识	主机标识	地址类型	用途
127	任何	回环地址	回环测试
全"0"		所有网络	只有这个网络
全"1"		广播地址	本网段的所有节点

④私有地址：在现在的网络中，IP 地址按用途分为公网 IP 地址和私有 IP 地址。公网 IP 是在 Internet 使用的 IP 地址；私有 IP 地址则是在局域网中使用的 IP 地址，在 Internet 上属于无效地址，无法在 Internet 上使用。在局域网内部设置私有地址的计算机要上网，则必须转换成为公网上可用的 IP 地址，从而实现内部 IP 地址与外部公网的通信。下面是 A、B、C 类网络中的私有地址段。IPv4 地址协议中预留了 3 个 IP 地址段作为私有地址，供组织机构内部使用。

- A 类：10.0.0.1～10.255.255.254
- B 类：172.16.0.1～172.31.255.254
- C 类：192.168.0.1～192.168.255.254

在 Internet 中，一台计算机可以有一个或多个 IP 地址，就像一个人可以有多个电话号码一样，但两台或多台计算机却不能共享一个 IP 地址。如果有两台计算机的 IP 地址相同，则会引起异常现象，无论哪台计算机都将无法正常工作了。

想一想：IP 地址发生冲突故障时，如何解决？

3. 子网掩码

用来指明一个 IP 地址的哪些位标识的是主机所在的子网，以及哪些位标识的是主机的位掩码。子网掩码不能单独存在，它必须结合 IP 地址一起使用。子网掩码也是一个 32 位地址，用于屏蔽 IP 地址的一部分，以区别网络标识和主机标识，并说明该 IP 地址是在局域网上还是在广域网上，它还可用于将一个大的 IP 网络划分为若干小的子网络。

对于常用网络 A、B、C 类 IP 地址，其默认子网掩码的二进制与十进制对应关系见表 2.4。将 32 位的子网掩码与 IP 地址进行二进制形式的按位逻辑"与"运算得到的便是网络地址，将子网掩码二进制和 IP 地址二进制进行逻辑"与"（AND）运算，得到的就是主机地址。如 192.168.212.10 和 255.255.255.0，结果为 192.168.212.0，其表达的含义为：该 IP 地址属于 192.168.212.0 这个网络，其主机号为 10，即这个网络中编号为 10 的主机。这对于采用 TCP/IP 协议的网络来说非常重要，只有通过子网掩码，才能表明一台主机所在的子网与其他子网的关系，使网络正常工作。

表 2.4 默认的子网掩码

地址类型	地址举例	子网掩码
A 类地址（1～126）	61.153.10.1	255.0.0.0
B 类地址（128～191）	158.170.12.1	255.255.0.0
C 类地址（192～223）	192.168.212.10	255.255.255.0

 动一动：手动配置并验证 TCP/IP。

> **步骤如下：**
>
> **1. 配置静态 IP 地址**
>
> 打开 TCP/IP 属性对话框，并进行配置。
>
> **2. 验证计算机的 TCP/IP 配置**
>
> 使用 IPCONFIG 和 ping 命令。
>
> （1）ping 127.0.0.1
>
> 该命令被送到本地计算机而不会离开本机，如果没有收到应答包，就表示 TCP/IP 的安装或运行存在某些最基本的问题。
>
> （2）ping 本机 IP
>
> 该命令多用于手工配置 IP 地址的局域网用户，用户计算机始终都应该对该命令做出应答，如果没有收到应答，局域网用户应断开网络电缆，然后重新发送此命令，如果运行正确，则有可能是网络中有另一台计算机配置了相同的 IP 地址。若仍然有错，则表示本地配置或安装有问题。
>
> （3）ping 局域网内其他 IP
>
> 该命令离开用户计算机，经过网卡和网络电缆到达其他计算机，再返回。收到应答表明本地网络的网卡和载体运行正确。若没有收到应答，则可能是子网掩码错误、网卡配置错误或网络电缆不通。如 ping 192.168.0.30。

(4) ping 网关 IP

若错误，表示网关地址错，或网关未启动，或到网关的线路不通。

(5) ping 远程 IP

若收到应答，表示网关运行正常，可以成功访问 Internet。如 ping 211.161.46.85。

(6) ping 域名

执行此命令时，计算机会先将域名转换为 IP 地址，一般是通过 DNS 服务器。如果有问题，则可能 DNS 服务器地址配置错误或 DNS 服务器故障。该功能还可用于查看域名对应的 IP 地址。如 ping www.sina.com.cn。

既然子网掩码可以决定 IP 地址的哪一部分是网络标识，而子网掩码又可以人工进行设定，因此，可以通过修改子网掩码的方式来改变原有地址分类中规定的网络号和主机号。也就是说，可以根据实际需要，既可以使用 B 类或 C 类地址的子网掩码（即 255.255.0.0 或 255.255.255.0），将原有的 A 类地址的网络号由一个字节改变为两个或三个字节；也可以使用 C 类地址的子网掩码（即 255.255.255.0），将原有 B 类地址的网络号由两个字节改变为三个字节，从而增加网络数量，减少每个网络中的主机容量；还可以使用 B 类地址的子网掩码（即 255.255.0.0），将 C 类地址的子网掩码由三个字节改变为两个字节，从而增加每个网络中的主机容量，减少网络数。

 动一动：使用子网掩码。

步骤如下：

①如图 2.23 所示，连接硬件，首先设置 IP 地址和掩码 1，网关和 DNS 不设置，用 ping 命令相互测试，查看结果。

②保持 IP 地址不变，如图 2.23 所示设置掩码 2，网关和 DNS 同样为空，再用 ping 命令进行相互测试，查看结果。

4. 默认网关（default gateway）

从一个网络向另一个网络发送信息，也必须经过一道"关口"，这道关口就是网关。顾名思义，网关就是一个网络连接到另一个网络的"关口"，也就是网络关卡。当一台主机找不到可用的网关时，就把数据包发送给默认指定的网关，由这个网关来处理数据包。

在配置 IP 地址时，需要指定 IP 地址、子网掩码和默认网关这三个参数。如果只有一个子网（所有主机都具有相同的网络地址），不需要与外部网络通信，则默认网关就不用指定（网络中不存在路由器），但 IP 地址和子网掩码必须同时指定。一般情况下，如果不指定默

图 2.23 配置网络

认网关地址,那么该主机只能在本地子网中进行通信。只有设置好网关的 IP 地址,TCP/IP 协议才能实现不同网络之间的相互通信。

　　默认网关的设定有手动设置和自动设置两种方式。手动设置适用于电脑数量比较少、TCP/IP 参数基本不变的情况;自动设置主要是利用 DHCP（Dynamic Host Configuration Protocol,动态主机配置协议）服务器来自动给网络中的电脑分配 IP 地址、子网掩码和默认网关。这样做的好处是一旦网络的默认网关发生了变化,只要更改了 DHCP 服务器中默认网关的设置,那么网络中所有的电脑均获得了新的默认网关的 IP 地址。这种方法适用于网络规模较大、TCP/IP 参数有可能变动的网络。

问一问:为什么要有网关?

5. DNS

DNS 是指域名服务器（Domain Name Server），其用来把域名转换成网络可以识别的 IP 地址。网络上唯一的地址标识是 IP 地址，但是人们很难记住目标网站的 IP 地址，有了域名之后，人们只需要输入方便记忆的域名，就能访问目标网站。虽然在浏览器中输入的是域名，但实际上是访问了目标网站的 IP 地址，以访问百度为例，其 DNS 解析如图 2.24 所示。它就像是互联网上的"电话号码本"，用户在浏览器中输入域名后，首先发给本地 DNS，如果本地 DNS 查不到，则向根 DNS 发出请求解析，如果还查不到，则继续向顶级 DNS 发出请求解析，再查不到，继续向二级 DNS 发出请求，依此类推，直到查询到所请求的域名，解析为目标网站的 IP，找到对应的网站，浏览网页。

图 2.24　DNS 解析

在一个企业网络中，如果企业网络本身没有提供 DNS 服务，DNS 服务器的 IP 地址应当是 ISP 的 DNS 服务器的 IP 地址。如果企业网络自己提供 DNS 服务，那么 DNS 服务器的 IP 地址就是内部 DNS 服务器的 IP 地址，在配置计算机时，必须要把这个项目配置正确。可设置的公共 DNS 服务器地址见表 2.5。

表 2.5　公共 DNS 服务器 IP 地址

名称	常见公共 DNS 服务器 IP 地址	
114DNS	114.114.114.114	114.114.115.115
AliDNS	223.5.5.5	223.6.6.6
BaiduDNS	180.76.76.76	
OpenerDNS	42.120.21.30	
OneDNS	117.50.11.11	52.80.66.66
GoogleDNS	8.8.8.8	8.8.4.4
OpenDNS	208.67.222.222	208.67.220.220

续表

名称	常见公共 DNS 服务器 IP 地址	
浙江电信 DNS	202.101.172.35	60.191.244.5
	61.153.81.75	61.153.177.196

 议一议：美国能不能给中国断网？

> • **知识拓展：美国随时让中国断网？**
>
> 2018 年 6 月，美国之前通过的废止"网络中立原则"决议正式生效。作为互联网创始国的美国拥有强大的互联网技术，"美国随时让中国断网"的声音越来越多。这是因为在全球互联网体系中，根服务器至关重要，域名解析查询要从根服务器开始。全世界的根服务器只有 13 台。1 个为主根服务器，放置在美国。其余 12 个均为辅根服务器，其中，9 个放置在美国，欧洲 2 个，位于英国和瑞典，亚洲 1 个，位于日本，在中国本土没有一台根服务器。所有根服务器均由美国政府授权的互联网域名与号码分配机构 ICANN 统一管理，负责全球互联网域名根服务器、域名体系和 IP 地址等的管理，美国政府对其管理拥有很大发言权。
>
> 美国控制了 IPv4 根服务器，就相当于控制了全球的域名和 IP 地址，如果美国通过控制域名解析的根服务器屏蔽掉某些域名，那么它们的 IP 地址就无法解析，相当于这些域名指向的网站就在互联网世界消失了。据说，2004 年 4 月，".ly"的域名瘫痪，导致利比亚在互联网上消失了 3 天。
>
> 那么，美国真的可以控制根域名服务器，让中国断网吗？

2.2.3 IPv6 地址

随着 5G 时代的来临、移动互联网和物联网业务的迅速发展，海量设备正连接入网，对 IP 地址产生更大需求，每个连接入网的设备都需要地址，需要属于自己的"门牌号"。这样信息才能进行有效传递，满足人与人、人与物以及物与物之间的信息交流。

众所周知，32 位的 IPv4 地址总数约 43 亿个，美国拥有全球 3/4 的 IPv4 地址，大约有 30 亿个，而人口最多的亚洲只有不到 4 亿个 IPv4 地址，存在严重分配不均的问题。具体到我国，占全球 20% 的互联网用户只拥有 5% 的 IP 地址，人均拥有 0.15 个，对比之下，美国的 IPv4 地址人均拥有量是 4 个。因此，我国 IP 地址紧缺的问题一直都极为突出。2019 年 11 月 26 日起，全球 IPv4 地址正式耗尽，意味着为应对未来发展大规模物联网、工业互联网对地址的爆发式需求，IPv6 的普及成为互联网演进发展的必然趋势。

1. IPv6 网络的优势

IPv6（Internet Protocol Version 6，互联网协议第 6 版）重新定义地址空间，采用 128 位地址长度，可以提供 2^{128} 个 IP 地址。外界经常用这样的例子来形容，IPv6 的地址数量多到能给地球上每一粒沙子都分配一个地址。作为 IPv4 的替代者，IPv6 具有以下优点：

（1）海量的 IP 地址

IP 地址空间从 32 位扩充到 128 位，总数大约有 3.4×10^{38} 个。平均到地球表面上来说，每平方米将获得 6.5×10^{23} 个地址，IPv6 地址推广使用后，每个人或每台机器均可以拥有 1 个或多个 IP 地址，充分满足物联网、移动互联网、工业互联网对地址的需求，从根本上解决 IP 地址短缺的问题，实现网络基础设施和应用性能的全面升级。

（2）提高了路由效率

报头格式大大简化，有效减少路由器或交换机对报头的处理开销，大大减小了路由器中路由表的长度，提高了路由器转发数据包的速度和转发效率。

（3）自动配置

IPv6 协议内置支持通过地址自动配置方式使主机自动发现网络并获取 IPv6 地址，大大提高了内部网络的可管理性。使用自动配置，用户设备（如移动电话、无线设备）可以即插即用而无须手工配置或使用专用服务器（如 DHCP Server）。本地链路上的路由器在路由器通告报文中发送网络相关信息（如本地链路的前缀、默认路由等），主机收到后，会根据本地接口自身的接口标识符组合成主机地址，从而完成自动配置，方便快捷，使得网络的管理更加方便和快捷，为工业互联网提供了基石。

（4）更高的安全性

IPv4 的最初设计并没有太多考虑安全性问题，它只具备最少的安全性选项，实际部署中，多数节点都不支持。IPv6 具有更高的安全性，使用 IPv6 网络的用户可以对网络层的数据进行加密并对 IP 报文进行校验，增强虚拟专用网（VPN）的互操作性，把 IPSec 作为必备协议，保证了网络层端到端通信的完整性和机密性，支持端到端安全。

此外，IPv6 报文头简洁、灵活，效率更高，易于扩展；还增加了增强的组播（Multicast）支持以及对流的控制（Flow Control），这使得网络上的多媒体应用有了长足发展的机会，为服务质量控制提供了良好的网络平台。IPv6 不仅是协议的升级、网络的改造，更是网络变革的契机，是打造更高质量的下一代互联网的好时机。

2. IPv6 地址体系

（1）IPv6 地址格式

IPv4 地址表示为点分十进制格式，32 位的地址分成 4 个 8 位分组，每个 8 位写成十进制，中间用点号分隔。而 IPv6 的 128 位地址则是以 16 位为一分组，每个 16 位分组写成 4 个十六进制数,中间用冒号分隔,称为冒号分十六进制格式。格式为×:×:×:×:×:×:×:×。

下面是两个 IPv6 地址例子:

2001:0DB8:0000:0000:FEDC:BA98:7654:3210

21DA:00D3:0000:2F3B:02AA:00FF:FE28:9C5A

IPv6 可以将每 4 个十六进制数字中的前导零位去除做简化表示,但每个分组必须至少保留一位数字。如 21DA:00D3:0000:2F3B:02AA:00FF:FE28:9C5A 可简化成 21DA:D3:0:2F3B:2AA:FF:FE28:9C5A。

某些类型的地址中可能包含很长的零序列,为进一步简化表示法,IPv6 还可以将十六进制格式中相邻的连续零位进行零压缩,用双冒号"::"表示。例如,链路本地地址 FE80:0:0:0:2AA:FF:FE9A:4CA2 可压缩成 FE80::2AA:FF:FE9A:4CA2;多点传送地址 FF02:0:0:0:0:0:0:2 压缩后,可表示为 FF02::2。

要想知道"::"究竟代表多少个"0",可以这样计算:用 8 减去压缩后的分组数,再将结果乘以 16。例如,在地址 FF02::2 中,有两个分组("FF02"分组和"2"分组),那么被压缩掉的"0"共有(8-2)×16=96 位。

值得注意的是,在一个特定的地址中,在任意一个冒号分十六进制格式中只能出现一个双冒号"::",只能代表最长的连续的 0,否则就无法知道每个"::"所代表的确切零位数了。

一个用 IPv6 - prefix/prefix - length 的格式的 IPv6 地址前缀可表示一个连续的地址空间。其中,IPv6 - prefix 部分必须是在 RFC2373 正式定义的,以冒号隔开的连续 16 进制数。前缀的长度是一个十进制的数值,它表示地址中具有固定值的位数部分或表示网络标识的位数部分,也就是前多少位是网络地址的前缀(网络标识)。例如,1080:6809:8086:6502::/64 是一个合法的 IPv6 前缀。与 IPv4 不同的是,在 IPv4 中普遍使用的被称为子网掩码的点分十进制网络前缀表示法在 IPv6 中已不再使用,IPv6 仅支持前缀长度表示法。

(2)IPv6 地址类型

所有类型的 IPv6 地址都被分配到接口,而不是节点。IPv6 地址是单个或一组接口的 128 位标识符,有三种类型:单播、组播和任意播地址。单播和组播地址与 IPv4 的地址非常类似;但 IPv6 中不再支持 IPv4 中的广播地址,而增加了一个任意播地址。

①单播(Unicast)地址。标识了一个单独的 IPv6 接口,发往单播地址的包被送给该地址标识的接口。一个节点可以具有多个 IPv6 网络接口,每个接口必须具有一个与之相关的单播地址,而它的任何一个单播地址都可以用作该节点的标识符。IPv6 单播地址是用连续的位掩码聚集的地址,类似于 CIDR 的 IPv4 地址。IPv6 中的单播地址分配有多种形式,主要包括全部可聚集全球单播地址、站点本地地址、链路本地地址和其他一些特殊的单播地址。

- 可聚集全球单播地址

顾名思义，是可以在全球范围内进行路由转发的地址，格式前缀为 001，相当于 IPv4 公共地址。全球地址的设计有助于构架一个基于层次的路由基础设施。与目前 IPv4 所采用的平面和层次混合型路由机制不同，IPv6 支持更高效的层次寻址和路由机制。

- 链路本地地址

其格式前缀为 1111 1110 10，用于同一链路的相邻节点间通信，例如单条链路上没有路由器时主机间的通信。链路本地地址相当于当前在 Windows 下使用 169.254.0.0/16 前缀的 APIPA IPv4 地址，其有效域仅限于本地链路。链路本地地址可用于邻居发现，并且总是自动配置的，包含链路本地地址的包永远也不会被 IPv6 路由器转发。它主要由设备自动生成，在本地网络中使用。

- 站点本地地址

其格式前缀为 1111 1110 11，相当于 IPv4 中的私用地址空间。例如企业专用 Intranet，如果没有连接到 IPv6 Internet 上，那么在企业站点内部可以使用站点本地地址，其有效域限于一个站点内部，站点本地地址不可被其他站点访问，同时，含此类地址的包也不会被路由器转发到站外。一个站点通常是位于同一地理位置的机构网络或子网。与链路本地地址不同的是，站点本地地址不是自动配置的，而必须使用无状态或全状态地址配置服务。

站点本地地址允许和 Internet 不相连的企业构造企业专用网络，而不需要申请一个全球地址空间的地址前缀。如果该企业日后要连入 Internet，则可以用它的子网 ID 和接口 ID 与一个全球前缀组合成一个全球地址。IPv6 自动进行重编号。

- 特殊的单播地址

主要包括不确定地址和回环地址，单播地址 0:0:0:0:0:0:0:0 称为不确定地址。它不能分配给任何节点。它的一个应用示例是初始化主机时，在主机未取得自己的地址以前，可在它发送的任何 IPv6 包的源地址字段放上不确定地址。不确定地址不能在 IPv6 包中用作目的地址，也不能用在 IPv6 路由头中。

单播地址 0:0:0:0:0:0:0:1 称为回环地址。节点用它来向自身发送 IPv6 包。它不能分配给任何物理接口。

② 任意播（AnyCast）地址。一般属于不同节点的一组接口有一个标识符。发往任意播地址的包被送给该地址标识的、路由协议度量距离最近的一个接口上。目前，IPv6 任意播地址不能用作源地址，而只能作为目的地址；并且不能指定给 IPv6 主机，只能指定给 IPv6 路由器。

③ 组播（MultiCast）地址。其是多个接口（一般属于不同节点）的标识符。发往组播地址的包被送给该地址标识的所有接口上。地址开始为 11111111 标识该地址为组播地址。

IPv6 中没有广播地址，它的功能正在被组播地址所代替。另外，在 IPv6 中，任何全

"0"和全"1"的字段都是合法值,除非特殊地排除在外的。特别是前缀可以包含"0"值字段或以"0"为终结。一个单接口可以指定任何类型的多个IPv6地址(单播、任意播、组播)或范围。

如果在IPv4网络中,一台主机安装有一张网卡,那么典型的情况就是该主机有一个分配给这张网卡的IPv4地址。但IPv6则不同,一台IPv6主机可以有多个IPv6地址,即使该主机只有一个单接口。包括:

- 每个接口的链路本地地址。
- 每个接口的单播地址(可以是一个站点本地地址和一个或多个可聚集全球地址)。
- 环路(loopback)接口的环路地址(::1)。

通常典型的IPv6主机至少有两个地址:接收本地链路信息的链路本地地址和可路由的站点本地地址或全球地址。同时,每台主机还需要时刻保持收听以下点传送地址上的信息流:

- 节点本地范围内所有节点组播地址(FF01::1)。
- 链路本地范围内所有节点组播地址(FF02::1)。
- 请求节点组播地址(如果主机的某个接口加入请求节点组)。
- 组播组多点传送地址(如果主机的某个接口加入任何组播组)。

动一动:查看本机IPv6地址信息。

查看本机相关IPv6地址信息的方法与查看IPv4地址相关信息的方法一致,记录查看到的本机IPv6地址信息。

3. IPv6的发展

随着下一代互联网规模部署的推进,尤其是突如其来的新冠疫情让人们更加深刻地认识到,IPv6已然成为包括新基建、教育专网在内的新兴基础数字设施建设最根本的"基石"。可以说,推进IPv6规模部署是互联网技术产业生态的一次全面升级,深刻影响着网络信息技术、产业、应用的创新和变革。

从全球发展来看,国家和行业的认可使IPv6的发展成为世界大趋势,各地区均要求互联网相关企业部署IPv6，并从国家层面引导其发展，各企业也提前谋划布局。美国、日本、韩国、欧盟等在IPv6产业化方面起步较早，均出台政策鼓励其发展，在国家战略、研发等方面较为领先。2021年10月，下一代互联网国家工程中心——全球IPv6测试中心发布的《2021全球IPv6支持度白皮书》显示，全球IPv6用户数量稳步提升，全球网站IPv6支持度上升为19.4%，大型CDN和云服务商已基本支持IPv6，IPv6部署已是大势所趋。第49次《中国互联网络发展状况统计报告》显示，截至2021年12月，我国域名总数达3593万个，IPv6地址数量达63052块/32，移动通信网络IPv6流量占比已经达到35.15%。

2021年，国家工信部联合中央网信办发布《IPv6流量提升三年专项行动计划（2021—2023年）》，明确了未来三年推进IPv6的主要目标和重点任务，引导行业各方协同深化IPv6规模部署工作，补齐我国IPv6发展的短板弱项，促进IPv6流量规模持续提升，加速推进互联网向IPv6平滑演进升级，推动我国IPv6规模部署从"通路"走向"通车"，从"能用"走向"好用"。

未来几年，我国的IPv6规模化部署推进将迈入新的阶段，首先需要在千兆光网、新建5G网络、新增互联网骨干直连点和新型交换中心等同步部署IPv6，提高物联网平台IPv6地址分配和连接统计能力，完善数据中心IPv6业务开通流程，提高按需扩容数据中心IPv6出口带宽能力，增强域名解析服务器IPv6解析能力；在终端设备方面，市场份额较大的移动终端厂商，自2018年起新发布的机型和系统已具备IPv6支持能力，三家基础电信企业已完成全部具备条件的存量家庭网关IPv6升级改造，需要进一步加快开展老旧家庭网关替换等工作。只有从终端、网络到网络应用等多环节的统筹协作，提供灵活多样的业务场景、智能可靠的网络承载、差异化的用户体验，才能从根本上激发和促进用户IPv6迁移升级，促进流量的提升。

 议一议：雪人计划和IPv6给中国互联网带来什么利好？

• **知识拓展：雪人计划**

在互联网世界，每个地区、每台计算机都有属于自己的IP地址，为了使用上的方便和记忆上的方便，人们使用域名来替代IP。而域名服务器则记录了域名与IP地址之间的对应关系，当打开某一网站域名的时候，浏览器都要把域名转化为对应IP地址的请求，最后经过根服务器翻译引导，访问该域名所在的服务器。根服务器里存储了很多域名的解析，是互联网的"中枢神经"，理论上访问每个域名浏览器都要把域名转化为对对应IP地址的请求，最后经过根服务器引导，访问该域名所在的服务器。

根服务器是国际互联网最重要的战略基础设施，由于种种原因，现有互联网根服务器数量一直被限定为13个，美国一直保持着对互联网域名及根服务器的控制。如果美国不想让人访问某些域名，就可以屏蔽掉这些域名，使它们的IP地址无法解析出来，那么这些域名所指向的网站就相当于从互联网的世界中消失了。

2013年，我国抓住IPv4向IPv6升级的历史机遇，由中国下一代互联网工程中心领衔发起，联合WIDE机构（现国际互联网M根运营者）、互联网域名工程中心（ZDNS）等共同创立"雪人计划"。"雪人计划"基于第六版互联网协议（IPv6）等全新技术框架，旨在打破现有国际互联网13个根服务器的数量限制，克服根服务器在拓展性、安全性等技术方面的缺陷，制定更完善的下一代互联网根服务器运营规则，为在全球部署下一代互联网根服务器做准备。

2017年，"雪人计划"在美国、日本、印度、俄罗斯、德国、法国等全球16个国家完成25台IPv6根服务器架设，事实上形成了13台原有根服务器加25台IPv6根服务器的新格局，为建立多边、民主、透明的国际互联网治理体系打下坚实基础。中国部署了其中的4台，由1台主根服务器和3台辅根服务器组成，打破了中国过去没有根服务器的困境。这是网络时代我们跨出的坚实一步，有利于中国的网络主权和信息安全。

"雪人计划"将有利于全球推进IPv6的部署；有利于增强根服务系统的安全性；有利于实现互联网的共管共治，把多边利益绑定在一起，避免互联网出现分裂的可能。国家相关部门预测，到2025年，我国IPv6网络规模、用户规模、流量规模将位居世界第一位，网络、应用、终端将全面支持IPv6，全面完成向下一代互联网平滑演进升级。

2.3　Internet 接入

　　从网络通信的角度来看，Internet 是一个以 TCP/IP 网络协议连接各个国家、各个地区、各个机构的计算机网络的数据通信网，从信息资源的角度来看，Internet 是一个集各个部门、各个领域的各种信息资源为一体，供网上用户共享的信息资源网。家庭用户或单位用户要接入互联网，可通过某种通信线路连接到 ISP（Internet Service Provider），即 Internet 网络服务商，比如中国电信、中国移动、中国联通等，常见通信线路有普通电话线、有线电视电缆、光纤及无线网等，借助于 ISP 与 Internet 的连接通道便可接入 Internet 了。

1. 普通电话线

　　利用普通电话线的接入技术主要有 PSTN、ISDN 及 ADSL 等，对于家庭用户或单位用户来说，不需要重新布线。PSTN（Public Switched Telephone Network，公用电话交换网），即"拨号接入"，它利用调制解调器，通过电话线接入互联网，用户在上网的同时，不能再接收电话，最高速率为 56 Kb/s，速率较低，无法实现高速率要求的互联网络服务，并且费用较高，性价比最低。ISDN（Integrated Services Digital Network，综合业务数字网），又叫"一线通"。ISDN 电话线和一般家用电话最大的不同点在于它是"数字"的，而一般家用电话线则是"模拟"的。ISDN 提供了两个数字通道，称为 B 通道。每个 B 通道可以提供 64 Kb/s 的传输速率，分开使用时，使用者可以利用一个 B 通道连上网际网络，并同时使用另一个 B 通道打电话、收发传真等。ADSL（Asymmetric Digital Subscriber Line，非对称数字用户专线）是众多 DSL 技术中较为成熟的一种，其带宽较大、连接简单，它能够充分利用现有的普通电话线，在线路两端加装 ADSL 设备即可为用户提供高达 8 Mb/s 的高速下行速率，它可以与普通电话共存于一条电话线上，在一条普通电话线上接听、拨打电话的同时进行 ADSL 传输而又互不影响。

问一问：PSTN、ISDN、ADSL 三种互联网接入方式的区别有哪些？

2. 有线电视电缆

有线电视电缆（Cable）接入，就是基于有线电视网 CATV（混合光纤同轴电缆）的接入技术。HFC（Hybrid Fiber Coax，混合光纤同轴电缆）是一种结合光纤与同轴电缆的宽带接入网，是有线电视（CATV）和电话网结合的产物。从接入用户的角度看，HFC 是经过双向改造的有线电视网，由于有线电视网相当普及，已经有了庞大的基础设施，Cable 接入无须过多的布线工程，只需要在用户端增加设备即可访问网络，极大地便利了网络的普及。

3. 光纤接入

光纤是目前宽带网络中最理想的一种传输介质，具有通信容量大、质量高、损耗小、防电磁干扰、保密性强等优点。光纤接入的好处是每个用户可以独享独立的带宽，不会发生网络拥塞，同时，接入时无须中继即可达到 100 km 的接线距离。成熟的光纤接入网一般采用无源光网络（Passive Optical Network，PON）技术。PON 技术是一种点对多点的光纤传输和接入技术，PON 技术主要包括 EPON 和 GPON2 种主流技术，EPON 上下行带宽均为 1.25 Gb/s，GPON 下行带宽为 2.5 Gb/s，上行带宽为 1.25 Gb/s。由于光纤接入方式的上传和下传都有很高的带宽，尤其适合开展远程教学、远程医疗、视频会议等对外信息发布量较大的网上应用。比如，居住在已经或便于进行综合布线的住宅、小区和写字楼的较集中的用户，有独享光纤需求的大企事业单位或集团用户。

根据光纤深入用户的程度不同，有光纤到路边（FTTC）、光纤到大楼（FTTB）、光纤到小区（FTTP）、光纤到办公室（FTTO）、光纤到户（FTTH）、光纤到桌面（FTTD）等，统称为 FTTx（Fiber To The x），即"光纤到 x"，是各种光纤通信网络的总称，其中 x 代表光纤线路的目的地，如图 2.25 所示。

图 2.25　FTTx

目前，光纤到办公室（FTTO）、光纤到户（FTTH）已成为光纤通信的主要传输方法。FTTH 是指将光网络单元（ONU）安装在住家用户或企业用户处，是光接入系列中除 FTTD

（光纤到桌面）外最靠近用户的光接入网应用类型。FTTH 的显著技术特点是不但提供更大的带宽，而且增强了网络对数据格式、速率、波长和协议的透明性，放宽了对环境条件和供电等方面的要求，简化了维护和安装。运营商只需要将光缆接到住宅楼道分光箱，从分光箱拉一条皮线光纤接入用户家中，用户家中需配置一个 ONU，即大家俗称的光猫，再按照图 2.26 所示进行连接，配合光猫，通过网线接入用户电脑上。

图 2.26　FTTH

想一想：电话线接入的宽带和光纤接入的宽带有什么不同？

4. 无线接入

无线接入是指使用无线连接的互联网登录方式，近年来，无线接入上网已经广泛应用在商务区、大学、机场及其他各类公共区域，其网络信号覆盖区域正在进一步扩大，受到广大商务人士的喜爱。

无线上网主要分两类：

第一类是利用2G、3G、4G、5G 实现无线上网，2G 是第 2 代无线通信技术，如移动联通的 GSM、电信的 CDMA，设计时以通信为主，上网速度较慢，一般不超过 50 Kb/s，如 GSM 系统的 GRPS。3G 是第 3 代无线通信技术，如联通的 WCDMA、电信的 CDMA 2000 以及移动的 TD–SCDMA。4G 是第 4 代无线通信技术，设计以高速上网为主，能够以 100 Mb/s 的速度下载，上传的速度也能达到 20 Mb/s。5G 数据传输速率则可达 10 Gb/s，相比 4G 而言，不再是线状网络，将会更加立体化，接收的数据量承载容量会更大，并且会更加细化、精准，甚至针对每位用户都会有一条"专属网络"，满足每位用户的不同网络需求。5G 最大的优势在于速度和时延，5G 网络的理论峰值速度可达 20 Gb/s，但运营商现在所提供的 5G 网络都有最高速度限制，一般分为下行速率 300 Mb/s、500 Mb/s 及 1 Gb/s 三个档位。在这样的速度限制下，5G 网络相对于千兆宽带网络并没有显著优势。而对于绝大部分普通用户来说，日常的宽带网络正常时延已经可以满足普通用户的需求，因此，5G 低时延的优势体验并不明显，但在物联网、车联网和远程医疗等方面才有更大的发挥空间。利用 2G、3G、4G、5G 实现无线上网的具体方式主要包括手机单独上网、计算机等无线设备利用手机热点实现无线上网、计算机等无线设备通过安装无线上网卡实现无线上网等三种方式，这些上网方式的速度则由使用不同的技术、终端支持速度和信号强度共同决定。

另一类是 WLAN（Wireless Local Area Networks，无线局域网络）。无线局域网的通信范围不受环境的限制，网络的传输范围也很广，最大可达到几十千米。对一幢大楼、校园内部、园区或工厂用户来说，通常会采用无线 AP（Wireless Access Point）。无线 AP 就是一个无线交换机，相当于无线网和有线网之间沟通的桥梁，接入在有线交换机或是路由器上，其工作原理是将网络信号通过双绞线传送过来，经过 AP 产品的编译，将电信号转换成无线电信号发送出来，形成无线网的覆盖。典型距离覆盖几十米至上百米，也有可以用于远距离传送，最远的可以达到 30 km 左右，其信号范围为球形，搭建的时候最好放到比较高的地方，可以增加覆盖范围。用户的手机或计算机等无线设备在覆盖范围检测 WLAN 信号，即可通过账号认证方式实现上网，整体连接方式如图 2.27 所示。

图 2.27　无线 AP 接入

一般来说，大面积的公共区域无线信号覆盖一般都采用无线 AP，家庭小范围无线上网则用无线路由器，因为无线路由器价格比无线 AP 要低许多。因此，家庭用户为了提供多台电脑或手机、手提电脑同时接入 Internet，光纤入户后，光猫再通过网线连接到无线路由器 WAN 接口上，电脑可连接到路由器中任意一个 LAN 接口上，由无线路由器发送 Wi-Fi 信号，手机、笔记本电脑即可通过无线接入，如图 2.28 所示。

图 2.28　Wi-Fi 接入

所谓 Wi-Fi，即 Wireless Fidelity，中文意思为无线保真，Wi-Fi 技术与蓝牙技术相同，是短距离无线联网技术，由网线转变为无线电波来连接网络。Wi-Fi 的覆盖范围可达 90 m 左右，比较适合手机、平板电脑等无线终端设备。从包含关系上来说，Wi-Fi 是 WLAN 的一个标准，Wi-Fi 包含于 WLAN 中，属于采用 WLAN 协议中的一项新技术，其优点就是传输速率快。Wi-Fi 6 即第六代无线网络技术，是 Wi-Fi 联盟创建于 IEEE 802.11 标准的无线局域网技术，它将允许与多达 8 个设备通信，最高速率可达 9.6 Gb/s。

 议一议：你对 Wi-Fi 7 的未来持乐观态度吗？

> • 知识拓展：Wi-Fi 7
>
> 　　Wi-Fi 技术自问世以来，为世界带来巨大的社会效益和经济效益，成为社会和经济发展的驱动力之一。尤其在疫情期间，Wi-Fi 保持了用户的联系和娱乐，推动了教育模式变革，增强了医疗保健业务。Wi-Fi 技术在弥合全球农村和偏远地区的数字鸿沟方面也做出突出贡献。
>
> 　　随着 8K 视频、元宇宙、VR/AR、游戏等新兴应用的快速发展，人们对高速连接、低延时的网络需求越发迫切，支持 Wi-Fi 7 的设备成为移动智能终端发展的新趋势。Wi-Fi 7 是 Wi-Fi 联盟的新兴无线标准，IEEE 定义为 802.11be，相比于目前已经熟悉的 Wi-Fi 6，信道带宽增加到 320 MHz，调制方式升级到 4KQAM，进一步扩展 Wi-Fi 的频率到 6 GHz，降低现有频率对 Wi-Fi 速率的干扰，将网络的吞吐率和时延全面大幅度提升。

2022年，中兴在2022年世界移动通信大会（MWC2022）上率先推出了全球首款Wi-Fi 7标准的5G CPE产品——MC888 Flagship，它集成了5G高速率和Wi-Fi 7高并发的技术，网络下载的峰值速率达到全球最高的10 Gb/s，为电脑、IPTV、8K视频流等提供了可靠的万兆连接，为用户带来更高、更快、更稳的连接体验。MC888 Flagship主要面向运营商、行业伙伴及大众消费者，将在年内全球上市。

随着Wi-Fi技术不断创新，持续提供各种解决方案，以满足日益增长的用户需求，并随时随地保持用户的高质量连接，Wi-Fi对全世界的社会和经济价值将不断增加。

随着无线技术的成熟和应用的推广，网络性能与服务质量不断改善，移动互联网用户呈线性增长趋势，移动数据则是以近乎指数式模式倍增，无线接入将进一步渗透校园、医疗、商贸、会展，或是酒店、无线城市等行业，并在布线困难、成本高昂的露天区域及野外勘测等场所发挥其优势。相信在未来，无线接入将以其高速传输能力和灵活性发挥更加重要的作用，不断变革的互联网接入技术也一定会让人们的生活变得更美好。

动一动：配置无线路由器。

操作步骤：

1. 连接设备

首先选择所需的硬件：无线路由器、笔记本电脑或手机、网线等。按图2.29所示连接相关设备。接通相关设备的电源，并开启计算机。检查路由器的Power灯、系统状态指示灯是否正常，查看LAN口和WAN口指示灯是否常亮，LAN口灯亮表明路由器与PC或交换机的连接正常，WAN口灯亮表明路由器WAN口的网线连接正常。如果指示灯显示不正常，则检查连接是否正确。

2. 设置上网

（1）设置无线上网

手机或电脑连接无线路由器Wi-Fi，Wi-Fi的名称初始、密码一般可以在路由器底部铭牌上找到。第一次登录路由器或Reset后登录路由器时，界面将自动显示设置向导页面，根据设置向导可实现上网，并设置无线供移动设备使用。

也可以打开浏览器，页面会自动跳转到管理界面，若未跳转，就在地址栏输入路由器的IP地址，然后该网页会要求输入用户名和密码登录。路由器的初始IP地址、用户名和密码可在设备说明书或设备底部获取。若忘记了管理员密码，可在登录页面上选择忘记密码，并根据提示恢复密码，也可将路由器恢复出厂设置，一旦将路由器恢复出厂设置，就需要重新对路由器进行配置才能上网。

图 2.29　连接无线路由器

然后进行上网设置，如图 2.30 所示。设备可自动检测到上网方式，比如，检测到宽带拨号上网，就需要输入运营商提供的宽带账号和密码。

图 2.30　上网设置

最后设置无线密码，如图 2.31 所示，即设置加入路由器无线网络的密码，建议设置一个高强度的无线密码。

图 2.31　设置无线密码

（2）查看并连接到无线网络

对于电脑来说，单击通知区域中的无线网络图标，在弹出的无线网络列表中单击要连接的网络，然后单击"连接"按钮，会要求输入密钥；在输入密钥后，单击"确定"按钮，电脑即可连接到无线路由器上网。手机可选择"设置"→"WLAN"进入，然后在显示的可用 WLAN 列表中选择要连接的 Wi－Fi 接入点，输入相应密码即可上网。查看所有的网络连接状况，在设置中打开"网络和 Internet"选项，如图 2.32 所示。

图 2.32　网络状态

2.4 网络强国：IPv6 开启中国互联网新时代

在 IPv4 时代，美国作为互联网技术标准和规则的制定者，在 IPv4 地址、技术、产业、应用方面占据垄断地位。地址资源的紧缺成为除美国之外的国家发展互联网应用重要的瓶颈，IP 地址资源的限制对我国这样的网络大国来讲，形势更为严峻，尤其是当前正高速发展的物联网，地址需求非常大，根据预测，2025 年，物联网的连接数将超过 270 亿，迫切需要 IPv6，以解决网络地址资源受制于人的尴尬局面。因此，推进 IPv6 势在必行，丰富的 IPv6 网络地址资源大大提高了我国网络空间拓展能力，IPv6 开启了万物互联新时代。

除此之外，IPv6 还涉及国家的网络安全和网络主权。IPv4 阶段，由于中国互联网起步较晚，互联网技术一直没有获得巨大的突破，有限的几个根域名服务器均位于美国、日本、欧洲等这些发达国家，可以说美国掐住了互联网的命脉。虽然网络是无国界的，但是服务器是有国界的。假如某国利用其控制的根服务器，切断 DNS 服务，那么我们的互联网将全面陷入半瘫痪状态。如果将域名指向他们伪装的网站，那么将造成一场巨大的网络灾难；到那时，网民打开的网站不再是原来的信息，很有可能访问不到任何的信息，或被修改到另一个隐匿的地址，发布不实的信息，如果大家以为这就是真正的权威的网站，信了里面的信息，那么可能造成不实舆论的泛滥，也可能遭遇诈骗，给国家和个人造成巨大的损失。

IPv6 的启用，标志着全球互联网发展进入"拐点"，而中国也迎来了弯道超车的绝佳机会。它不仅使万物互联成为可能，为对接智慧社会提供技术支持，还将打破中国没有根服务器的困境。国家主席习近平指出："互联网核心技术是我们最大的'命门'，核心技术受制于人是我们最大的隐患。一个互联网企业即便规模再大、市值再高，如果核心元器件严重依赖外国，供应链的'命门'掌握在别人手里，那就好比在别人的墙基上砌房子，再大再漂亮也可能经不起风雨，甚至会不堪一击。我们要掌握我国互联网发展主动权，保障互联网安全、国家安全，就必须突破核心技术这个难题，争取在某些领域、某些方面实现'弯道超车'。"由下一代互联网国家工程中心牵头发起的"雪人计划"，于 2016 年在全球 16 个国家完成 25 台 IPv6 根服务器架设，其中 1 台主根和 3 台辅根部署在中国。拥有根服务器意味着中国在顶级域名上获得了解释权，改变了美国主导的根服务器治理体系，互联网基础设施更加安全；中国还就 IPv6 提出了 100 多个标准，迈出了中国网络自主化的第一步，中国的网络主权将进一步完善，中国在互联网领域核心关键技术受制于人的局面会得到根本改变，开启了互联网变革新时代。

当前，基于 IPv6 的下一代互联网成为各国推动新科技产业革命和重塑国家竞争力的先导领域，它将有助于提升我国网络信息技术自主创新能力和产业高端发展水平，支撑物联网、工业互联网、云计算、大数据、人工智能等新兴领域快速发展，催生新技术、新业态，促进传统产业的数字化、网络化、智能化转型,为实体经济发展打造新动能,拓展新空间。习近平总书记指出,"美欧等主要国家正在加紧布局下一代互联网,我们要加快实施步伐,争取在下一轮竞争中迎头赶上。我们必须按此要求,大力推进从 IPv4 向 IPv6 的迭代演进,为建设网络强国打下更为坚实的基础。"IPv6 开启了中国网络强国新时代。

网络兴则国兴、网络智则国智、网络强则国强。北宋大儒张载胸怀博爱,提出了"为天地立心,为生民立命,为往圣继绝学,为万世开太平"的人生理想,二十字箴言将自己的爱国情怀和责任担当体现得淋漓尽致。在建设网络强国的这个时代背景下,青年需牢记自身肩负的历史责任,不辜负国家的培养与期望,义不容辞地扛起时代赋予的重任,以民族复兴为己任,勇立潮头,不断学习知识、技能,提升自身素养;坚守底线,弘扬社会主义核心价值观;开拓进取,勇于创新,立志成为建设网络强国征途上的领跑者,以实际行动表现自己的爱国情怀。

  辩一辩:IPv6 迁移是全身投入还是浅斟慢饮?

第 3 章

互联网应用

互联网（Internet）无处不在，作为一个全球性的网络，它不仅拥有最丰富的信息资源，还能提供形式多样的服务。随着信息技术的发展，互联网已全面渗透到经济社会的各个领域，深刻地改变和重新塑造着人类全新的生产、生活与学习方式，成为生产建设、经济贸易、科技创新、公共服务、文化传播、生活娱乐的新型平台和变革力量，推动着人类社会向信息社会发展。

难重点笔记区

3.1 信息资源及其利用

3.1.1 信息概念

信息可以说是当代社会使用最多、最广、最频繁的词汇之一，它普遍存在于自然界、人类社会以及人类思维活动之中。

1. 信息

（1）信息的概念与特征

信息指音信、消息、通信系统传输和处理的对象，泛指人类社会传播的一切内容。我国《情报与文献工作词汇基本术语》中将信息定义为：信息是物质存在的一种方式、形态或运动状态，也是事物的一种普遍属性，一般指数据、信息中所包含的意义，可以使信息中所描述事件的不确定性减少。信息有如下特征：

①信息的普遍性和客观性。

信息是事物存在的方式和运动状态的表现，普遍存在于宇宙的万事万物中。事物的存在与运动无时不有、无处不在，因此，反映事物存在和运动的信息也无时不有、无处不在。客观的物质世界先于人类主体而存在，反映宇宙万物存在和运动的信息也是客观的、普遍存在的，不以人的意志为转移，它的存在可以被人感知、获取、存储、传递和利用。

②信息认识的主观性。

信息的存在是普遍和客观的，但是人类对信息的认识却具有主观的能动性，同一个体对同一信息在不同的时期会有不同的认识，不同个体对同一信息也会产生不同的认识，这种信息认识的差异与个体的知识结构、信息素质、社会影响密切相关。

③信息的依附性。

从认识论的角度看，信息是事物运动状态和存在方式的反映，因此信息总是依附一定的载体而存在。宇宙间的万事万物皆是信息的载体，为此，信息载体的物质形式是多种多样的。在人类社会，为了记载和保存人类对客观世界的认识，使用文字、图像、声音、符号把信息知识记录在纸张或其他特殊材料上，这是人类社会特有的承载信息的物质形式。一切生物体皆具有接受和承载信息的组织和器官，人的大脑更是具有信息海量存储的功能。

④信息的可传递性。

信息可以通过多种渠道，采用多种方式进行传递。我们把信息从时间或空间的某一点向另一点移动的过程称为信息的传递。信息的传递要借助于一定的物质载体，并消耗一定的能量。一个完整的信息传递过程必须具备信源（信息的发出体）、信宿（信息的接收体）、信道（信息的传递媒介）和信息4个基本要素。

⑤信息价值的不定性。

由于人们对信息的需求、理解及判断能力的不同，信息的价值有很大差别，同样的信息对于不同的接受者可能有不同的价值。同时，信息的价值也随时间而改变。

⑥信息的共享性。

信息的共享性是指信息可被多个主体所拥有，而且其量不会因传递而减少。这是信息与物质、能量的一个重要区别。信息的共享是通过交流与传递来实现的。正是由于信息可以共享，所以它对人类社会的进步与发展做出了重要贡献。但信息的共享实质上是相对的，许多信息仅对一部分人提供，或要付出一定的代价才能"共享"。

(2) 信息、知识、情报和文献之间的关系

在生活中，与信息相关的概念还有知识、情报和文献。信息、知识、情报和文献有着极其密切的关系，它们之间又有交叉、重复，但又彼此不同。下面介绍知识、情报和文献的概念。

知识是人类社会实践经验和认识的总结，是人的主观世界对于客观世界的概括和如实反映。知识是人类通过信息对自然界、人类社会以及思维方式与运动规律的认识，是人的大脑

通过思维加工、重新组合的系统化信息的集合。

　　知识是主、客体相互统一的产物。人类通过信息感知世界、认识世界，通过大脑思维加工，将获取的信息重新组合形成知识，并逐步积累形成知识体系。知识是信息的一部分，是一种特定的信息。存储在人脑中的知识是主观知识，将其记录在物质载体上，就会变成可以传递的客观知识。它具有规律性、实践性、渗透性、继承性和信息性等特征。可见，信息包含了知识，知识是信息被认识的部分。

　　情报的概念，国内外仍然众说纷纭。有学者用拆字的方法，将"情报"两字拆开，解释为"有情有报告就是情报"；也有学者从情报搜集的手段来给其下定义，说情报是通过秘密手段搜集来的、关于敌对方外交军事政治经济科技等信息；还有学者从情报处理的流程来给其下定义，认为情报是被传递、整理、分析后的信息。

　　但在普遍意义上能被多数学者认同、接受的情报定义是，情报是为实现主体的某种特定目的，有意识地对有关的事实、数据、信息、知识等要素进行劳动加工的产物。知识与信息转化为情报必须经过传递。目的性、意识性、附属性和劳动加工性是情报最基本的属性，它们相互联系、缺一不可。按应用范围分类，可分为科学情报、经济情报、技术经济情报、军事情报、政治情报等。

议一议：中国为什么要参加朝鲜战争？

> • **知识拓展：中国将出兵朝鲜**
>
> 　　朝鲜战争前，兰德公司（全球最顶级的决策咨询机构）向美国国防部推销一份秘密报告，其主题词翻译成中文只有7个字，要价150万美元。美国国防部认为是敲诈，不予理睬，结果在错误的时间，在错误的地点，与错误的敌人进行了一场错误的战争。战争结束之后，国防部才想起那份报告，要来一看，追悔莫及。那7个字是"中国将出兵朝鲜"。

　　文献在1999年版《辞海》中的定义为"记录有知识的一切载体的统称"。"一切载体"，不仅包括图书、期刊、学位论文、科学报告、档案等常见的纸面印刷品，还包括有实物形态在内的各种材料。

　　根据文献产生的根源，可以分为第一手文献和第二手文献。第一手文献是指曾经经历过特别事件或行为的人撰写的资料文献，它常常是个人或机关基于某种意图记录下来而形成的文字材料，包括：日记、自传等私人文件，机关团体的会议记录、文件、档案、各种统计资料，以及调查报告和总结材料。第二手文献就是由那些不在现场的人们编写的、他们通过访问目击者或阅读第一手文献，获得了编制文献所必需的信息而制成的第二手资料，如书籍、报刊、文章等。

根据承载文献载体的形式和记录技术的不同，可以分为印刷性文献、视听文献、网络文献等。其中，网络文献是现代高科技迅速发展的产物，它通过编码程序，把载有知识内容的文字和图像转换成二进制数字代码，记录在磁带、磁盘、磁鼓、光盘等载体上，阅读时，再通过电子计算机将它转换成文字或图像，供人们使用。其优点是存储量大、存取速度快、处理效率高。

通常所说的文献分析法，就是指通过对收集到的某方面的文献资料进行研究，以探明研究对象的性质和状况，弄清被分析文献"究竟讲什么"，并从中引出自己观点的分析方法。它能帮助调查研究者形成关于研究对象的一般印象，有利于对研究对象做历史的动态把握，还可研究已不可能接近的研究对象。其主要内容有：对查到的有关档案资料进行分析研究；对搜集来的有关个人的日记、笔记、传记进行分析研究；对收集到的公开出版的书籍刊物等资料进行分析研究。在平时的文献研究中，人们经常也利用网络上的免费文献信息资源，但在使用过程需要注意网络文献的版权问题，并详加甄别，去粗取精。

综上所述，信息、知识、情报和文献之间的关系可以用图3.1表示。

图3.1 信息、知识、情报和文献之间的关系

想一想：信息、知识、情报和文献之间的包容关系，并试着画出来。

2. 信息资源

信息是普遍存在的，但并非全部信息都是信息资源，只有满足一定条件的信息才能称为信息资源。信息资源是指人类社会信息活动中积累起来的以信息为核心的各类信息活动要素

(信息技术、设备、设施、信息生产者等）的集合。

狭义的信息资源，指的是信息本身或信息内容，即经过加工处理，对决策有用的数据。开发利用信息资源的目的就是充分发挥信息的效用，实现信息的价值。广义的信息资源，指的是信息活动中各种要素的总称。"要素"包括信息、信息技术以及相应的设备、资金和人等。它具有以下特性：

（1）知识性

一方面，信息资源的产生、发展、开发和利用等始终离不开人类的脑力劳动，人类智能的高低决定着信息资源质量的高低和数量的多少。另一方面，信息资源又凝集着人类的智慧，积累着人类社会认识世界和改造世界的知识，一定的信息资源总是反映着一定社会和一定地区的知识水平。

（2）共享性

作为人类社会共同的精神财富，信息资源又具有共享性。所谓科学没有国界，知识没有国界，正是信息资源共享性的一种简单明了的表述。

网络信息资源则是指以电子资源数据的形式，将文字、图像、声音、动画等多种形式的信息储存在光、磁等非印刷质量的介质中，利用计算机通过网络进行发布、传递、储存的各类信息资源的总和。网络信息资源极其丰富，包罗万象，类型丰富多样，如学术信息、商业信息、政府信息、个人信息、娱乐信息、新闻信息等，是知识、信息的巨大集合，是人类的资源宝库。由于网络信息来源分散、无序，没有统一的管理机构，没有统一的发布标准，正式出版物和非正式信息交流交织在一起，尽管共享程度高，但质量良莠不齐。如今，网络信息资源已经成为我们学习、工作、生活中利用率最高的信息资源之一，对网络信息资源的利用是人们终身学习的需要，也是个人信息素养中的重要内容，借助搜索引擎获取我们所需要的信息资源是最常见的方式。

问一问：你是如何合理利用因特网上的信息资源的？

当别人问你一个问题，而你 10 s 内无法想出答案时，你是否会想到去网上搜索一下？

当你需要编写一个格式报告（如毕业论文、年终总结）时，你是否会先搜索一些范例并参照编写？

当你即将前往一个陌生的地方，你是否会先打开搜索引擎页面，查阅当地的地理人文、风俗习惯，然后再启程？

那么，你是如何合理利用因特网上的信息资源的？

3.1.2 搜索引擎

1. 常见搜索引擎

搜索引擎是伴随互联网的发展而产生和发展的，它是万维网中的特殊站点，专门用来帮助人们查找存储在其他站点上的信息。搜索引擎能够为信息检索用户提供快速、高相关性的信息服务，是网络信息资料搜集最重要的渠道之一。常见的搜索引擎有：

（1）全文搜索引擎

全文搜索引擎适用于一般网络用户。这种搜索方式方便、简捷，并容易获得所有相关信息。但搜索到的信息过于庞杂，因此用户需要逐一浏览并甄别出所需信息。尤其在没有明确检索意图情况下，这种搜索方式非常有效。如 Google 搜索引擎、百度搜索引擎、搜狗搜索引擎、必应搜索等。

（2）垂直（专业）搜索引擎

垂直搜索引擎是针对某一个行业的专业搜索引擎，是搜索引擎的细分和延伸，是根据特定用户的特定搜索请求，对网站（页）库中的某类专门信息进行深度挖掘与整合后，再以某种形式将结果返回给用户。垂直搜索是相对通用搜索引擎的信息量大、查询不准确、深度不够等提出来的新的搜索引擎服务模式，通过针对某一特定领域、某一特定人群或某一特定需求提供的、有特定用途的信息和相关服务。

垂直搜索引擎的应用方向很多，比如企业库搜索、供求信息搜索、购物搜索、房产搜索、人才搜索、地图搜索、音频搜索、图片搜索、工作搜索等，几乎各行各业、各类信息都可以进一步细化成各类垂直搜索引擎。

动一动：利用百度查找网上的中英文搜索引擎，并列出 3 个中文搜索引擎和 3 个英文搜索引擎的名称，填入表 3.1。

表 3.1 查找搜索引擎

地区	搜索引擎名称	搜索引擎地址
中文搜索引擎		
英文搜索引擎		

2. 常见搜索引擎的使用

随着互联网的飞速发展，网络资源日新月异，呈爆炸性增长。网络信息生产和利用之间的矛盾更加尖锐，一方面是网上存在大量的信息资源，另一方面是面对浩如烟海的各种网络信息资源，人们利用网络信息资源越来越困难。因此，要快速、准确、全面地获取网络信息，必须了解和掌握搜索引擎的使用技巧。

（1）选择合适的搜索引擎

搜索引擎在查询范围、检索功能等方面各具特色，不同目的的检索应选用不同的搜索引擎。对于限定特定类型的问题，可以利用垂直搜索引擎。

（2）选用准确的关键词

使用搜索引擎进行信息查找，最重要的技巧是关键词的选择，不要使用常用词、范围太广的关键词。如"教育"范围太宽，会得到数以万计的相关网页，因此要适当地缩小范围，例如搜索"小学语文教育"，检索结果会更加精准。同时，还要注意将口头语搜索转化为关键词搜索，因为搜索引擎检索时，遵循关键词匹配原则，即搜索引擎根据用户输入的关键词进行匹配，口语表达会造成很多无效信息，导致搜索出来的并不是用户真实需要的。

（3）使用双引号精确匹配

搜索引擎均具有对搜索词进行自动分析和拆分功能，若需输入的关键词或词组在搜索过程中不被拆分，使用双引号（英文半角双引号）即可实现搜索，如不加双引号，搜索结果会出现很多无关的信息。加上双引号，可以提高检索的精准度，目前，绝大多数搜索引擎均支持这种精确匹配。

（4）字段限定搜索

字段限定是指限定搜索词在检索结果中出现的位置，可以是网页标题、网址、站点或链接、文件类型等，常见的高级搜索语法有以下几种。

①site。搜索范围限定在特定站点中，搜索语法为：关键词＋空格＋site:域名。用户如果知道某个站点中有自己需要找的东西，就可以把搜索范围限定在这个站点中，提高查询效率。注意，要使用英文冒号，站点前不加 http 或者 www。例如，想要查看 B 站上关于大学英语四级作文的视频，可以如图 3.2 所示进行搜索。

②intitle。搜索范围限定在网页标题中，即 intitle:关键词。网页标题通常是对网页内容的归纳。把查询内容范围限定在网页标题中，有时能获得良好的效果。注意，"intitle:"和后面的关键词之间不要有空格。例如，想搜索毕业设计论文，可以在搜索框中输入"intitle:毕业设计论文"，可以按如图 3.3 所示进行搜索。

③filetype。搜索范围限定在指定文档格式中，即进行搜索时，将返回的结果限定为某种文件类型，如 PPTX、PDF 等，搜索语法为：关键词＋空格＋filetype:文件类型。

图 3.2　site 搜索

图 3.3　intitle 搜索

filetype 是用于搜索特定文件格式的语法，可用的特定文件类型格式查询有 pdf、doc、txt、ppt、xlsx 等。例如，想要找关于毕业设计论文的 Word 文档，可以在搜索框中输入"毕业设计论文 + 空格 + filetype：doc"，可以按如图 3.4 所示进行搜索。

④特定时间内的关键词信息。大部分搜索引擎还支持特定时间内的关键词搜索，搜索语法为：关键词 + 空格 + 起始时间..结束时间。这里注意，起始时间和结束时间的中间连两个英文的句号。例如，查找 2020—2021 年关于毕业设计论文的信息，可以在搜索框中输入"毕业设计论文 2020..2021"，可以按如图 3.5 所示进行搜索。

动一动：利用百度搜索"在线课堂"并查看其收录的相关网页数量，关键字分别换成"浙江在线课堂""浙江大学在线课堂"，查看并记录百度收录网站数量的变化，以及搜索结果与关键字的对应情况。根据找到的信息填写表 3.2。

图 3.4 filetype 搜索

图 3.5 特定时间搜索

表 3.2 填写表格

搜索引擎	关键字	收录相关网页数量	主要网站名称和网址
百度	在线课堂		
	浙江在线课堂		
	浙江大学在线课堂		

⑤搜索工具。高级搜索语法常常以可视化形式的高级搜索选项来代替，如百度、Google 的高级检索向导式界面，用户可以直接在搜索工具的选项中限定条件搜索，如图 3.6 所示。

图 3.6 使用搜索工具

在实际应用中，可以多尝试将以上几种技巧组合使用，能获得更佳的搜索体验。搜索中的符号都是半角的，就是英文输入状态的标点。今后，无论是哪种搜索引擎，必将向着更加智能化、人性化、简单化的方向发展。

议一议：如何提高大学生信息素养？

• **知识拓展：信息素养**

信息素养指的是在信息社会中获得信息、利用信息、开发信息方面的修养和能力，是信息时代个人的基本生存能力，是衡量一个国家和地区信息化程度的重要指标。大学生作为国家未来发展的有生力量，其信息素养是国民信息素养的重要体现。信息素养主要表现为以下 8 个方面的能力：

①运用信息工具：能熟练使用各种信息工具，特别是网络传播工具。

②获取信息：能根据自己的学习目标有效地收集各种学习资料与信息，能熟练地运用阅读、访问、讨论、参观、实验、检索等获取信息的方法。

③处理信息：能对收集的信息进行归纳、分类、存储记忆、鉴别、遴选、分析综合、抽象概括和表达等。

④生成信息：在信息收集的基础上，能准确地概述、综合、履行和表达所需要的信息，使之简洁明了、通俗流畅并且富有个性特色。

⑤创造信息：在多种收集信息的交互作用的基础上，迸发创造思维的火花，产生新信息的生长点，从而创造新信息，达到收集信息的终极目的。

⑥发挥信息的效益：善于运用接收的信息解决问题，让信息发挥最大的社会和经济效益。

⑦信息协作：使信息和信息工具作为跨越时空的、"零距离"的交往和合作中介，使之成为延伸自己的高效手段，同外界建立多种和谐的合作关系。

⑧信息免疫：浩瀚的信息资源往往良莠不齐，需要有正确的人生观、价值观、甄别能力以及自控、自律和自我调节能力，能自觉抵御和消除垃圾信息及有害信息的干扰和侵蚀，并且完善合乎时代的信息伦理素养。

3.2 互联网应用之学习篇

2015年5月，习近平主席在首届国际教育信息化大会的贺信中寄语："因应信息技术的发展，推动教育变革和创新，构建网络化、数字化、个性化和终身化的教育体系，建设'人人皆学、处处能学、时时可学'的学习型社会，培养大批创新人才，是人类共同面临的重大课。"随着互联网的发展，信息量爆炸性增长，搜索引擎、各种内容网站、电子图书、各种知识分享工具、各种学习工具和各种电子设备和终端等，都在促进知识的生产和流动，学习已经不局限于传统的纸质了。那么在浩如烟海的网络知识里，如何才能更好地运用互联网来学习呢？

3.2.1 查找资料

利用互联网查找资料，尤其是学术资料，除了利用搜索引擎以外，还可以通过各类数据库、政府机构/国际组织网站、出版发行机构网站、图书馆/数字图书馆网站、行业学会及协会网站、各类教育科研机构网站、学者个人主页/博客、学术性论坛、社交平台（微博、微信、知乎）等获取。

1. 数据库

数据库是人们获取数据的重要来源之一，常用的数据库主要分为两大类：一是商业数据库，大多为金融投资所用，主要有万得（Wind）数据库、恒生聚源数据库、锐思数据库、Bloomberg（彭博）等；二是学术数据库，也称为文献数据库，是指计算机可读的、有组织的相关文献信息的集合。学术数据库资源多为正式出版物，具有学术性和权威性，同时拥有独立的检索平台，具有较强的检索功能和检索限定选项，有些还具有分析功能和增值服务。常见有中国知网、万方数据、维普、国研网等。中国知网（CNKI）是国内最大学术数据库，包括期刊、学位论文、统计年鉴等。CNKI是国家知识基础设施工程的简称，是以实现全社会知识资源传播共享与增值利用为目标的信息化建设项目。由清华大学、清华同方发起，始建于1999年6月，是目前全球最大的中文数据库，涵盖的资源丰富，主要类型有：研究型的资源，有期刊、学位论文、会议论文、专利、国标行标、项目成果、国家法律、地方法规、案例、年鉴、报纸、数据、图谱；学习型的资源，有各种字词典、各种互译词典、专业百科、专业辞典、术语；阅读型的资源，有文学、艺术作品与评论，文化生活期刊。中外文资源品种完整，分类科学，覆盖所有，是中国最具权威、资源收录最全、文献信息量最大的动态资源体系，覆盖理工、社会科学、电子信息技术、农业、医学等学科范围，数据每日更新，支持单库检索和跨库检索。目前，许多高校以不同的方式购买了"中国知网"全部数据库或购买不同的学科专辑。

当我们需要查资料或者期刊论文的时候,都会用到中国知网,利用中国知网可以检索大量的论文期刊,下载论文后,就可以查阅了。中国知网主页如图3.7所示。知识平台为用户提供一框式检索、高级检索、出版物检索和文献分类目录导航方式,每一种检索方式都可以进行单库资源和跨库资源的选择,并可随意切换;无论是跨库检索还是单库检索,在检索文献时,都可进行学科范围的限定;每一种文献出版总库都有独立的统一检索、统一导航、统一文献资源报表以及统一的检索平台,并根据不同文献检索的需求,提供多种检索方式。

图3.7　中国知网知识发现网络平台主页面

(1) 一框式检索模式

一框式检索是系统默认的检索方式,提供类似于搜索引擎的检索方式,为用户提供简单方便的检索模式,用户只需要在文本框中直接输入自然语言(或多个检索短语)即可检索,简单方便。在一框式检索界面中,可同时实现文献跨库检索和单库检索。操作步骤如下:

①进入方式。登录中国知网首页(http://www.cnki.net/),首页提供一框式检索,检索界面如图3.8所示。

图 3.8 一框式检索界面

②界面默认"文献"检索,即跨库检索,若需更改,在检索框下方重新勾选数据库选项即可,如图 3.9 所示。若需进行单库检索,单击检索框下方某一个数据库名称标签即可。

图 3.9 跨库检索

③选取检索字段。系统提供主题、篇名、关键词、摘要、全文、参考文献等字段检索。单击"字段"下拉菜单,选择即可。界面默认字段为"主题"。

④输入检索词。系统具有智能提示功能。输入检索词时,系统自动提示与之相关的检索热词,如以"经济"为例检索,热词提示"经济增长、经济研究、经济学"等。

⑤显示检索结果。单击检索框右侧"搜索"按钮,即可显示检索结果。若对检索结果不满意,可重新调整检索策略,直到结果满意为止。检索结果以文章题名列表的形式显示,列表信息内容包括篇名、作者、来源、发表时间、被引频率、下载次数等,不同文献类型显示有所不同,如图 3.10 所示。如果不能从结果中轻松地找到自己想要的文献,那么可以在结果呈现界面进行多次递进检索,可在已有检索结果界面中,对检索参数改变设置,再输入一个关键词,然后选中"在结果中检索",再搜索。一般情况下,完成了这几步之后,就能找到相关的文献资料了。

⑥原文获取及阅读。在页面上单击检索到的论文篇名,就会出现论文信息页界面,如图 3.11 所示,系统提供手机阅读、HTML 阅读、CAJ 下载和 PDF 下载获取全文。单击"CAJ 下载"或"PDF 下载"按钮,可直接下载 CAJ 格式或 PDF 格式论文,查阅时,CAJ 文件可用 CAJ 全文浏览器打开,它是中国期刊网的专用全文格式浏览器,支持中国期刊网的 TEB、CAJ、NH、KDH 和 PDF 格式文件。也可配合网上原文的阅读,其效果与原版的效果一致。PDF 格式文件也可用 Adobe Reader 打开查阅,还可单击"HTML 阅读"在线查阅全文。如果用户订购了该产品,系统会提示保存或打开原文,根据需要做相应选择。若为广域网用户,下载时则弹出文献费用支付页面,支付费用后方能下载。

图 3.10　搜索结果显示页面

图 3.11　下载页面

(2) 高级检索

为了使查找结果更精确，可在知网首页的搜索框右侧单击"高线检索"选项，打开如图 3.12 所示页面，同时，可以进一步限定作者、作者单位、发表时间、更新时间、文献来源、支持基金等条件，以实现更精准的检索。对于需要专业检索和组合检索的用户，可以选择高级检索模式进行检索。

① 进入方式。登录中国知网首页（http://www.cnki.net/），单击搜索框右侧的"高级检索"图标，进入检索高级检索界面，选择下方标签"学术期刊"，如图 3.12 所示。

② 检索方式及途径。"期刊"菜单界面中的搜索框提供文献的篇章信息、作者/机构、期刊信息三大检索分类，每个类别下又有多个检索字段，通过简单组合检索，可实现字段与

图 3.12　高级检索模式界面

字段之间、同一字段不同检索词之间的组配，适合大多数用户使用。用户在选定的检索字段对应的检索框中输入对应检索词或词组，选择并确定各检索词、检索字段之间的逻辑关系，如"并含"（AND）、"或含"（OR）及"不含"（NOT），再选检索模式"精确"或"模糊"，用户还可以根据需求增加或者减少检索条件。除此之外，搜索框下方还提供时间范围、来源类别的检索。

③显示检索结果。同一框式检索模式，不再赘述。

④原文获取及阅读。同一框式检索模式，不再赘述。

中国知网拥有较丰富的全文对比资源库支撑，是公认的最全的论文收录平台，查重的结果权威性更高，高校通常会选择用知网对毕业论文进行查重，"中国知网"大学生论文检测系统提供针对毕业论文的专业检测服务，可快速、准确、高效地检测文献中的文字复制情况。为发现抄袭与剽窃、伪造、篡改、不当署名、一稿多投等学术不端行为提供科学、准确的线索和依据。在知网查重报告中，标黄色的文字代表这段话被判断为"引用"，标红色的文字代表这段话被判断为"涉嫌剽窃"。

动一动：在中国知网检索 2019—2022 年发表在 CSSCI 上的关于信息素养教育，但不包括中小学信息素养教育的期刊论文，查看题录，并获取原始文献。

写下步骤：

除了知网，还可利用万方数据、维普、国研网、艾瑞网等平台获取信息，国务院发展研究中心信息网（简称"国研网"）创建于1998年3月，最初是国务院发展研究中心利用互联网、信息化手段为中央提供应对1997年亚洲金融危机策略所筹建的宏观经济网络信息平台。国研网在宏观经济数据处理、宏观经济大数据产品建设、宏观经济业务云软件、智库信息化解决方案和课题研究咨询等方面能力突出，为国家建设中国特色新型智库提供了全方位信息技术支撑，为中国各级政府部门、研究机构和企业提供了决策参考，是国务院发展研究中心窗口网站及其研究成果唯一授权网络发布渠道。

艾瑞网是国内首家新经济门户站点。它融合互联网行业资源，提供电子商务、移动互联网、网络游戏、网络广告、网络营销等行业内容，为网络营销和网站运营从业人士提供丰富的参考资料。

2. 图书馆/数字图书馆网站

图书馆收藏着大量的文献信息资源，馆藏文献较为丰富。很多省市级公共图书馆根据读者类型提供网站部分数字资源的访问权限，比如上海图书馆、浙江图书馆、广西壮族自治区图书馆、成都市图书馆等。浙江省的公共图书馆在数字资源免费开放方面最具代表性。浙江省的各级图书馆相继联合支付宝开通了信用免押服务。方法如下：

①通过支付宝查找并关注"图书馆信用服务"生活号。

②进入"信用服务"栏目，即可申请浙江省任意一家公共图书馆的电子读者证，如图3.13所示。

图3.13 支付宝申请图书馆信用服务

动一动：申请浙江省各级公共图书馆电子读者证。

写下步骤：

3. 政府机构网站

政府机构网站是我国各级政府机关履行职能、面向社会提供服务的官方网站，是政府机关实现政务信息公开、服务企业和社会公众、互动交流的重要渠道。政府机构网站是国内公开数据的重要来源之一，要查询权威的数据，可以登录政府相关部门网站，如国家统计局（http://www.stats.gov.cn）、工业和信息化部（http://www.miit.gov.cn）、中国人民银行（http://www.pbc.gov.cn）、银监会（http://www.cbrc.gov.cn）、中国海关（http://www.customs.gov.cn）、国家知识产权局（http://www.sipo.gov.cn）等。

此外，可在相关机构网站获取各类考试、考证信息，如中国教育考试网（http://www.neea.edu.cn/）。中国教育考试网是教育部考试中心的官方网站，是国家教育考试、社会证书考试、海外教育考试官方网站，通过中国教育考试网可以报考全国大学英语四/六级考试（CET）、全国计算机等级考试（NCRE），也可以报考中小学教师资格考试等，还有部分职业资格证书考试的报名办法、考试时间等信息会公布在各省市的人事考试中心网站上，例如浙江人事考试网（http://www.zjks.com/）。

 议一议：降低论文重复率是否必要性？

> • **知识拓展：学术不端**
>
> 　　学术不端是指学术界的一些弄虚作假、行为不良或失范的风气，或指某些人在学术方面剽窃他人研究成果，败坏学术风气，阻碍学术进步，违背科学精神和道德，抛弃科学实验数据的真实诚信原则，给科学和教育事业带来严重的负面影响，极大损害学术形象的丑恶现象。

> 学术不端行为是指违反学术规范、学术道德的行为，国际上一般用来指捏造数据（fabrication）、篡改数据（falsification）和剽窃（plagiarism）三种行为。但是一稿多投、侵占学术成果、伪造学术履历等行为也可包括进去。学术不端行为在世界各国、各个历史时期都曾经发生过，在中国高校，它不仅表现在违反者众多、发生频繁，各个科研机构都时有发现，而且表现在涉及从院士、教授、副教授、讲师到研究生、本科生的各个层面。大学生在学习、研究过程中发生不端行为，经常是由于对学术规范、学术道德缺乏了解，认识不足造成的。为了端正学术风气，维护学术规范，各大高校纷纷降低论文重复率。
>
> 中国知网是现在95%的高校都在使用的论文查重检测系统，它是世界上全文信息量规模最大的数字图书馆，既是检测抄袭、一稿多投等学术不端论文行为的检测系统，也是防止研究生学术论文发表及学位论文重复率过高的辅助工具，学生可以根据知网查重的检测结果对自己的论文进行修改，以此降低论文的重复率。

3.2.2 网上学习

利用互联网不但可以高效获取网络信息资源，还可以进行有效率的学习，2018年4月，我国教育部发布了《教育信息化2.0行动计划》，力主推进"互联网+教育"发展，加快教育现代化和教育强国建设。其中指出："要构建网络化、数字化、智能化、个性化、终身化的教育体系，建设人人皆学、处处能学、时时可学的学习型社会。"以及"以信息化引领构建以学习者为中心的全新教育生态，实现公平而有质量的教育，促进人的全面发展。"2020年，一场突如其来的疫情使教育受到极大影响，全国大、中、小学大面积停课，在互联网帮助下，全国上下改变了传统教学方式，由线下教学转变为线上教学。疫情对经济、社会、教育等带来了影响，但也同时推动了网络教育的快速发展。

疫情期间，学生网上学习，老师网络授课，人们充分利用互联网的优势，选择合适的教学资源，最大限度地减少疫情对教育教学的影响，高校、机构开放了在线教育平台，例如清华大学搭建网络环境为大家提供免费的学习和提升自己的机会，教育部为中小学生提供免费的在线教育资源，中国大学MOOC、慕课网、网易公开课等提供了教学资源，网络为学习者提供了大量资源，使学生的网上学习变得更快捷方便、更加高效。

1. 在线教育平台

在线教育平台为人们的学习提供了海量的资源和便利的条件，常见比较受欢迎的在线学习平台有：

（1）中国大学MOOC

中国大学MOOC（慕课）是国内优质的中文MOOC学习平台，是由网易与高教社携手推出的在线教育平台，承接教育部国家精品开放课程任务，向大众提供中国知名高校的MOOC

课程。在这里，每一个有意愿提升自己的人都可以免费获得更优质的高等教育。平台拥有包括 985 高校在内提供的优质课程，当用户完成课程学习后，可以获得讲师签名证书。中国大学 MOOC 网址为 https://www.icourse163.org。

（2）慕课网

慕课网（IMOOC）是 IT 技能学习平台。慕课网（IMOOC）课程涉及 Java、前端、Python、大数据等 60 类主流技术语言，覆盖了面试就业、职业成长、自我提升等需求场景，帮助用户实现从技能提升到岗位提升的能力闭环。慕课网网址为 https://www.imooc.com。

（3）网易云课堂

网易云课堂是一个专注职业技能提升的在线学习平台。其立足于实用性的要求，与多家教育培训机构和行业的专家、讲师建立合作，聚合了丰富的学习内容，包括课程、电子书、文章、短视频、音频等。需要注意的是，网易云课堂是一个知识付费平台，但是里面也有很多优质的免费课程。网易云课堂网址为 https://study.163.com。

（4）网易公开课

网易公开课上集合了 TED、国际名校公开课、中国大学视频公开课、可汗学院等一系列优质教学内容。用户可以在线免费观看来自哈佛大学等世界级名校的公开课课程，内容涵盖人文、社会、艺术、金融等领域。网易公开课网址为 https://open.163.com。

（5）学堂在线

清华大学发起的精品中文慕课平台，为学习者提供了来自清华、北大、斯坦福、MIT 等知名高校创业、经管、语言、计算机等各类 1 000 余门免费课程，涵盖计算机、经管创业、理学、工程、文学、历史、艺术等多个领域。学堂在线网址为 https://www.xuetangx.com。

（6）超星尔雅

超星也是一个非常不错的综合学习平台，课程内容被分为 6 大板块：综合素养、通用能力、成长基础、公共必修、创新创业、考研辅导，内容来自全国各大名校。超星尔雅网址为 http://erya.mooc.chaoxing.com。

动一动：列举自己喜欢的三门慕课课程及其网页链接地址，并说明理由，填入表 3.3。

表 3.3 填写表格

慕课课程	网址	喜欢理由
1		
2		
3		

除了上述在线教育平台，最受当代大学生喜欢的网站之一就是哔哩哔哩（bilibili）网站。哔哩哔哩（bilibili）现为国内领先的年轻人文化社区，该网站于 2009 年 6 月 26 日创

建，被粉丝们亲切地称为"B站"。知识学习、科学分析是B站内容的主要特点之一，B站也因此成为很多用户的"学习APP"。央视网在2019年4月17日就发表了一篇文章《知道吗？这届年轻人爱上B站搞学习》，央视网写道，如今在B站学习已成为无法忽视的现象，它与它的用户共同创造了这种新式社交型学习平台。报道中还列出了一个数据，过去一年已有1 827万人在B站学习。

2. 网上学习

高效利用互联网进行学习，是现代人必备的一项技能，网上学习首先要明确学习主题，网上有很多免费学习网站、优质学习资源，要系统地进行学习，首先要明确自己想要学习的内容是什么，是为学习一些知识还是要为了考试，是计算机还是电子商务。有了明确的目标，才能更高效地学习知识。术业有专攻，专业的网站能够提供专业的信息，可以最近距离地了解业态，因此，想要系统地学习知识，可以搜索专业的网站进行学习，比如充分利用各类在线学习平台，选择自己喜欢的课程学习，按时完成在线学习任务。如果是通过网上培训机构系统学习，可以通过互联网与一起学习的同学或者有很好学习经验的朋友讨论、交流，借鉴别人的经验来提供自己学习效率。

互联网上学习资料主要有音频、视频、图像、文字等，每一个板块目前都许许多多专业的公司在运营，各大信息板块目前都运用用户偏好大数据，各大网络公司很容易会根据你搜索的关键词给你推荐相关内容，同时还有很多广告或者虚假的信息。因此，要学会搜索，当海量的信息呈现在你的面前时，你需要细细地筛选，寻找最可靠、自己最需要的信息，慎重地阅读。

若要阅读名家名作，可以直接搜索获取电子图书。获取电子图书的渠道很多，用户可以在公共图书馆或者高校图书馆查找电子图书资源，也可以在电子书网上书店购买电子书，比如在全球最大的网上书店亚马逊购买电子书，也可以在鸠摩搜索、世界数字图书馆、古登堡计划等网络免费资源中获取。

以高校图书馆中的超星汇雅电子书资源为例，登录后，在搜索框中输入书名或者在图书分类中查找，单击"PDF阅读"按钮即可在线阅读电子书，如图3.14所示。

动一动：登录你所在学校图书馆，查找一本电子书并开启阅读之旅。

写下步骤：

图 3.14　单击 PDF 阅读

最后就是整理资料与实操。无论是被动还是主动，当你看到一份好的资料时，都会习惯性地放进收藏夹，但是收藏不等于学习，及时地整理学习和实操是必要的。比如学习办公软件的应用，通过学习，再进行实际操作练习，才能真正掌握技能。

 议一议：为什么人需要终身学习？

> • 知识拓展：终身学习
>
> 　　你也许听过这样一些论述：未来十年，50% 的人将会失业；未来十年，绝大部分的工作都会被人工智能代替；未来十年，你可能成为被替代的一员……
>
> 　　如果你是一名在校大学生。你应该在保证学校所学已经掌握的前提下，拓展学习。网上可以搜索与专业课相关的任何知识，包括课件、干货分享等。
>
> 　　如果你是一位职场人士，你应该运用好互联网，学习职场相关的知识。工作中，只是工作而不充电，很容易被动出局，被淘汰掉。只有不断地学习，才是硬道理。
>
> 　　如果你是一位自由职业者。你应该安排更多的时间到互联网上学习，有一技之长，是今后生活的底气和资本。

面对日新月异的社会发展，新情况、新问题层出不穷，知识更新的速度大大加快。关注自身成长，保持终身学习成为大多数职场人的共识。我们只有不断储备知识，不断完善自我，提升自身修养，才能在激烈的社会竞争中立于不败之地。

从古到今，人们都在强调终身学习的重要性。早在春秋时期，圣人孔子对终身学习就有明确的观点阐述："学而不已，阖棺而止。"意思是学习是没有尽头的，直到进棺材为止；伟大领袖毛泽东曾说："活到老，学到老。"学习，是生活所必备，也是时代发展的需要，从更高层次来说，是一种乐趣、一种品位和享受，必须把学习从单纯的求知变为生活的方式，让终身学习成为一种生活习惯。

3.3 互联网应用之生活篇

在 2016 年第三届世界互联网大会上，习近平主席指出，"互联网快速发展，给人类生产生活带来深刻变化，也给人类社会带来一系列新机遇新挑战。"互联网在很大程度上改变了人们的思维方式和生活方式，从而使人们的生活变得更加简单、高效和快捷，旅游、吃饭、购物等都离不开互联网，它已经成为人们生活中必不可少的内容。

3.3.1 网上购物

1. 概述

自电商行业在中国兴起后，网购已成消费者重要的消费渠道。近年来，我国网购用户及手机网购用户规模逐渐增加，网购市场的交易规模一直保持快速增长趋势。自 2013 年起，我国已连续八年成为全球最大的网络零售市场。随着以国内大循环为主体、国内国际双循环的发展格局加快形成，网络零售不断培育消费市场新动能，通过助力消费"质""量"双升级，推动消费"双循环"。在国内消费循环方面，网络零售激活城乡消费循环；在国际国内双循环方面，跨境电商发挥稳外贸作用。此外，网络直播成为"线上引流 + 实体消费"的数字经济新模式，实现蓬勃发展。直播电商成为广受用户喜爱的购物方式，66.2% 的直播电商用户购买过直播商品。第 49 次《中国互联网络发展状况统计报告》显示，截至 2021 年 12 月，我国网络购物用户规模达 8.42 亿，网上外卖用户规模达 5.44 亿。

（1）网上购物基本概念

网上购物起源于美国，指通过互联网检索商品信息，并通过电子订购单发出购物请求，然后填上私人支票账号或信用卡的号码，厂商通过邮购的方式发货，或是通过快递公司送货上门。中国国内的网上购物，一般付款方式是电子银行付款、支付宝付款、货到付款以及分期付款等。目前在国内一般理解为消费者通过购物平台获取商品信息进行信息比较、挑选，通过电子订购单发出购物请求，然后填写详细地址与联系方式，通过货到付款或第三方支付等形式支付当前消费额，再由厂商以快递形式发货至消费者，最后由消费者确认付款并评价的交易过程。简单而言，网上购物就是指使用网络在购物交易平台上购买商品，包括有形商品和无形商品，即商品和服务。

（2）网上购物分类

网上购物发展迅速，近年来各种新型的购物方式和购物平台更是层出不穷。但万变不离其宗，根据交易双方的属性，一般可简单地将网上购物分为以下几类：

①B2B 网上购物。B2B（Business - to - Business）是指企业与企业之间通过专用网络或 Internet，进行数据信息的交换、传递，开展交易活动的商业模式。B2B 网上购物是指企

和企业在 B2B 网络购物平台,例如阿里巴巴(1688.com)网站实现在线商品交易。

②B2C 网上购物。B2C(Business－to－Consumer)是指企业与个人消费者之间通过专用网络或 Internet,进行数据信息的交换、传递,开展交易活动的商业模式。B2C 网上购物是指商家对个人的网上交易方式,已经成为人们购物的主要方式之一,网民可以在网上购买到多种多样的便宜的商品,体验网购的乐趣和便捷。比较典型的 B2C 网上购物平台有京东网(jd.com)、天猫网(tmall.com)和苏宁易购(suning.com)等。

③C2C 网上购物。C2C(Consumer to Consumer)是指个人与个人之间通过互联网进行商品交易。例如,一个消费者通过淘宝网(taobao.com)将一台旧电脑出售给另一个消费者,此种类型的交易称为 C2C 网上购物。

④O2O 网上购物。O2O(Online To Offline)即在线离线/线上到线下,是指将线下的商务机会与互联网结合,让互联网成为线下交易的平台,这个概念最早来源于美国。O2O 的概念非常广泛,既可涉及线上,又可涉及线下,可以通称为 O2O。目前在国内比较知名的 O2O 平台有京东到家、饿了吗、淘票票等。

网络购物之所以发展如此之快,与网络购物的特性是分不开的,网上购物相比传统线下的购物拥有很多的优势。例如,网上购物不需要租用或购买实体店面,也能免去日常的水电开销,无须高额的装修费用,一个客服能够同时接待许多的客人,所以在成本方面具有线下店铺难以比拟的优势;而且线上店铺,当商品上架后,会一直处于在线可售状态,除非商品被下架,消费者都可以在店铺中搜索、查看商品,真正实现全年无休的服务。

问一问:与网上购物相比,传统购物还有哪些优势?

(3) 网上购物平台

①淘宝网(taobao.com)。淘宝网是由阿里巴巴集团于 2003 年 5 月 10 日投资创办的 C2C 网上交易平台,同年,阿里巴巴推出第三方支付工具"支付宝",以"担保交易模式"使消费者对淘宝网上的交易产生信任。淘宝网一经问世,即获得广大消费者的支持,随着淘宝网规模的扩大和用户数量的增加,淘宝也从单一的 C2C 网络集市变成了包括 C2C、分销、拍卖、直供、众筹、定制等多种电子商务模式在内的综合性零售商圈。

②京东商城（jd.com）。京东商城是中国流量最高的 B2C 网上商城之一，由刘强东于 2004 年创立。京东商城在线销售家电、数码通信、电脑、家居百货、服装服饰、母婴、图书、食品、在线旅游等 12 大类数万个品牌百万种商品，在 2012 年的中国自营 B2C 市场中占据 49%的份额，凭借全供应链继续扩大在中国电子商务市场的优势。京东已经建立华北、华东、华南、西南、华中、东北六大物流中心，同时，在全国超过 360 座城市建立核心城市配送站。

③拼多多。拼多多是国内专注于做 C2M 电商模式的电商企业，由上海寻梦信息技术有限公司创办于 2015 年 9 月。C2M 是指用户直连制造商，即消费者直达工厂，强调的是制造业与消费者的衔接。拼多多采用拼团购物的方式，使用户通过发起和朋友、家人、邻居等的拼团，以更低的价格来拼团购买优质商品。这种通过沟通分享形成的社交理念，成为拼多多独特的新社交电商思维。

④淘票票。淘票票是由阿里影业推出的，原名为淘宝电影，2016 年 5 月 16 日正式更名为淘票票。淘票票（淘宝电影）是由中国淘宝软件有限公司开发的一款生活类手机软件，有 iOS 和安卓两个版本，提供丰富的正在热映和即将上映的电影资讯信息，包括预告片、高清海报与剧照、剧情介绍，以及网友评论等。

⑤别样海外购。别样海外购成立于 2014 年，由三位计算机博士在美国硅谷创立，通过技术手段将欧美综合百货与品牌官网接入平台，运用机器人技术直接将用户订单同步给商家，用户一键下单，商家直接发货给用户。

想一想：你如何看待海外代购？

2. 网上购物

网上购物的一般流程包括以下 10 个步骤：挑选购物平台→注册平台买家账号→搜索、比较、挑选商品→协商交易事宜，例如商品数量、价格等→填写详细的收货地址和联系方式→在线支付，常见为支付宝、微信和网银支付→商家发货→买家收货验收→买家满意，则确认收货评价，商家收款→如果不满意，则买家可申请退换货或维权。在这个过程中，买家需要注意以下四个方面。

第 3 章 互联网应用

（1）为什么买

首先买家要分析自身真实需求，现在的网购平台会根据年龄和性别信息，判断你的身份。如果你在某一属性商品停留较长时间，购物平台会再次推荐相同属性的商品给你。网购平台还会根据消费记录、浏览记录、搜索关键词、输入法数据、地理位置、教育学习数据和联网在线时间等各种各样的数据标签把用户打造成数据的集合体，通过这些数据，网购平台在网络世界构造一个虚拟的个体，通过这个虚拟的个体，网购平台就能精准地了解你的需求，并快速把你需要的东西推送到你的面前。买家更应该分析自身真实需求，理性消费，避免"剁手"。然后根据性能参数、费用预算及爱好确定要购买的具体商品，并初步确定主关键词进行搜索。

（2）去哪儿买

也就是说，确定在哪个平台购物，一般情况下，在正规的购物平台进行网上购物是比较安全的，一定要到官方网站或 APP 上进行购买，否则可能会进入钓鱼网站被骗。为了买到高性价比商品，也可以通过慢慢买、比一比价网等平台，比较各大网购平台的同款报价，从而确定网购平台。

（3）怎么样买

主要包括三个环节，第一是看，仔细看商品图片，分辨是商业照片还是店主自己拍的实物，而且还要注意图片上的水印和店铺名，因为很多店家都在盗用其他人制作的图片。第二是问，可通过旺旺询问产品相关问题。第三是查，查店主的信用记录，看其他买家对此款或相关产品的评价，查看商品的评价，要能区分商品的虚假好评，避免买到货不对板的商品。如果有中差评，要仔细看店主对该评价的解释。

（4）售后服务

仔细阅读平台和店铺的退换货、物流支付等售后条款，规避一些潜在的问题。

此外，网上购物应尽量在自己的电脑上进行购物，并注意杀毒软件和防火墙的开启保护及更新。在填写收件地址时，尽量隐藏个人信息，例如姓名可用王女士、黄先生或英文字母等来替代；邮箱避免用工作邮箱；可填代收站点，以避免泄露具体家庭地址。支付时，选择第三方支付平台担保支付方式，不建议用网银直接支付。同时，购物中，不要轻易单击链接或广告采购物品，更不要轻易相信低价广告，以免陷入低价陷阱。

 议一议：对于电子商务法的实施，会带来哪些影响？

> • **知识拓展：电子商务法**
>
> 　　网上购物是安全、快捷的购物方式。绝大多数网上商户遵纪守法，与客户进行诚信、合法的交易。以淘宝网为例，阿里巴巴集团为了让用户享受到更优质、安全、可

信赖的商业环境和交易体验，推动线上线下一体化的协同治理，优化淘宝平台、天猫、聚划算等网站及客户端的生态体系，特制了淘宝规则。淘宝规则的法律基础是《中华人民共和国电子商务法》《中华人民共和国网络安全法》《中华人民共和国消费者权益保护法》《网络交易管理办法》等国家法律法规及相关规范性文件。这些法规规定了淘宝平台生态体系各方的法定权利义务，是淘宝平台规则制定、修订的法律基础。任何商家在入驻淘宝、天猫等之前，都需要仔细学习淘宝规则，避免因不懂规则而引起交易纠纷和带来的处罚。淘宝的规则频道网址为 https://rule.taobao.com，卖家可进入该频道学习淘宝规则。

为了保障电子商务各方主体的合法权益，规范电子商务行为，维护市场秩序，促进电子商务持续健康发展，2018年8月31日，十三届全国人大常委会第五次会议表决通过《电子商务法》，自2019年1月1日起施行。《中华人民共和国电子商务法》（简称《电子商务法》）是政府调整、企业和个人以数据电文为交易手段，通过信息网络所产生的，因交易形式所引起的各种商事交易关系，以及与这种商事交易关系密切相关的社会关系、政府管理关系的法律规范的总称。《电子商务法》的出台使得电子商务交易更加规范健康，较好地制约了平台和商家的行为，打击了虚假交易，并且极大地保障了个人消费者的合法权益。

《电子商务法》让电子商务朝更秩序化、更有条理化的方向发展，对引导和规范电子商务活动有着非常积极的意义，尤其对防不胜防的网上交易风险，能起到非常直接的遏制效果，有利于网络购物的良性循环，不仅促进电子商务行业加强自律、遵纪守法，也使消费者增强了法律意识和维权意识。

3. 网上开店

（1）挑选开店平台

个人消费者不仅可以网上购物，还可以转变身份，在一些电商平台开设个人网店。现有的电商平台有很多选择，有些适合个人消费者开店，例如淘宝网、拼多多、咸鱼、微店等，有些只能企业入驻开店，例如天猫网、京东商城等。那么如何选择合适的平台呢？主要考虑以下几点：

①平台能否长久规范：有些平台快速建立，但又快速失踪。所以要选择背景实力雄厚的企业推出的电商平台。

②平台是否有较高流量：只有平台有流量，在平台上的店铺才会有稳定的流量基础。所以要关注该平台的注册用户数和活跃度，以及平台推广的方式，是否拥有较高且稳定的流量。

③平台的收费政策：一部分的个人网店走的仍然是薄利多销的营销策略，如果大部分盈利被平台抽走，经营的风险就会很高，所以要研究透彻该平台对卖家的各项政策，了解该平台的玩法，才能游刃有余。

④找准目标客户群体：不同平台面向的客户群体是有区别的，例如拼多多、咸鱼的买家消费能力会比淘宝、天猫的低些；做跨境电商则要选择速卖通等跨境电商平台。

（2）开店流程

不同平台开店的流程是差不多的，一般都包括 5 个步骤：平台注册认证，开通卖家身份→编辑、发布商品→订单管理→物流管理→售后服务。图 3.15 所示是淘宝网开店流程，一般 3 天左右卖家实名认证通过后，即可发布商品开启店铺。

图 3.15　淘宝网个人卖家入驻流程

首先是登录/注册淘宝个人账号，进入支付宝 APP，单击"我的"→单击左上角头像位置→填写个人信息→进行身份认证，完善信息，进行支付宝实名认证和淘宝实人认证，如图 3.16 所示。

然后，进入"卖家中心"→"店铺管理"→"店铺基本设置"，编辑店铺基本信息，完善店铺信息。店铺基本信息包括店铺名、店铺标志、经营地址、工商注册信息等，如图 3.17 所示。这里要注意卖家需要加入消费者保障联盟，缴纳保证金才能发布商品。并且一个身份证只能创建一个淘宝店铺。开店过程中，尽量保证在售商品有一定的数量，如果出售中的宝贝数量连续 4 周为 0 件，店铺会暂时释放；出售中的宝贝数量连续 5 周为 0 件，店铺会被删除。

图 3.16 支付宝实名认证和实人认证

图 3.17 店铺基本信息

3.3.2 旅行预订

　　常见的旅行方式有三种：随团旅游、自助旅行和自驾车旅行，随团旅游是一种传统旅行方式，自助旅行和自驾车旅行目前比较受欢迎，因为行程、目的地、方向等都可以根据自己的喜好来规划，相对更舒服，近几年，国内在线旅行预订用户规模持续增长，第49次《中国互联网络发展状况统计报告》显示，截至2021年12月，我国在线旅行预订用户规模达3.97亿，占网民整体的38.5%。随着旅行预订细分行业的发展，国内旅游产品供给形式不断丰富，同时，数字化赋能旅游业变革创新，进一步推动了行业高质量发展。

　　在线旅行预订为人们自助旅行、自驾车旅行提供了便利，一份详细、完整的旅行规划可以让行程变得更加丰富、轻松、安全，规划要根据自己的爱好、经济承受能力和时间来选择旅游景点，关键是用最少的时间，花费最少的钱，获取最多的旅游信息，获得更满意的旅游效果。旅行规划主要包括以下几个环节：

1. 确定旅行地点

旅行前，可以去看看网上别人分享的攻略，一方面可以了解当地的人文环境，另一方面可以保证行程的安全和顺利。旅行攻略类 APP 有很多，如穷游和马蜂窝，功能较全，集中了大量网友的分享游记和精品攻略，基本上能覆盖旅游途中的方方面面。通过查看网上攻略，搜索景区官网，从而确定旅行地点。

2. 预订往返交通

确定了旅行的具体地点后，就需要根据旅行时间安排往返交通，预订机票或者火车票，并初步计划旅行当地的交通，如地铁、公交等信息。

（1）预订机票

飞机已经是一个比较普遍的出行工具，特别是对于国内长途旅游和出境旅游，飞机更是一个重要交通工具。用户可以根据自己出发地和目的地城市的航班信息，通过航空公司官方网站、拨打全球销售热线、官方手机客户端和当地航司营业部预订各航空公司国内机票，如中国航空、东方航空、南方航空、海南航空、深圳航空、四川航空等航空公司。通过官网预定的优点如下：

- 航空公司官网能查到各大航空公司会员日的促销价格。
- 航空公司官网预订支持退票、改签，退改签手续更快捷、方便些。
- 航空公司往往有自己的常旅客计划，若是经常从某一航空官网预订机票，可以积累航空里程，达到一定量后，可兑换免费机票或者优惠券。

当然，通过官网预定也有劣势，查询单一航空公司票价，无法确定最优票价，用户往往需要关注多家航空公司官网，每个航空公司都一一查询比价，过程比较烦琐、耗时费力。因为消息不及时，容易错过各大航空公司的机票大促活动。此外，航空公司官网除了预订机票，其他的如包车、导游等相关旅行服务可能还不够完善。以南方航空为例，官网机票预定如图 3.18 所示。

动一动：注册一个航空公司官网的会员账户，查询你所在城市出发的航班信息。

写下步骤：

图 3.18　南方航空官网机票预定界面

除了航空公司官网以外,现在越来越多的人也会选择在 OTA 平台买票,如携程、飞猪、去哪儿、天巡、穷游、途牛、艺龙等 OTA 平台。所谓 OTA,全称为 Online Travel Agency,中文译为"在线旅行社"或者"旅游电子商务",是伴随着互联网时代的到来,新兴起的一种线上旅行行业,和传统的线下旅行社不同,将销售模式放在线上。OTA 是旅游电子商务行业的专业词语,指旅游消费者通过网络向旅游服务提供商预定旅游产品或服务,并通过网上支付或者线下付费,即各旅游主体可以通过网络进行产品营销或产品销售。也可以理解为,OTA 是在线酒店、旅游、票务等预订系统平台统称。

由于 OTA 网站能够将所有机票产品整合,用户只需要注册一个账户,即可预定 OTA 网站上所有在售航司的机票,进行比价,便利而实惠,极大地提高了选择效率。而且 OTA 平台在做大促活动或者选择组合套餐的时候,价格可能比单独预订机票和酒店的低。以携程 APP 为例,用户登录后,最快只需要 7 s 就能够完成一张机票的预订,极大地缩短了订票时间,如图 3.19 所示。

(2) 预订火车票

中国铁路客户服务中心 (12306.cn),以下简称 12306 网站,是铁路服务客户的重要窗口。12306 网站提供旅客列车时刻表、余票、票价、正晚点、规章制度等客运信息查询,用户可以办理网络购票、网络改签、候补购票、变更到站、网络退票等业务。

2020 年 7 月 1 日,12306 官方支付宝小程序已正式上线,用户可以购买火车票或退改签,或上支付宝搜"12306"一键购票。和预订机票一样,除了 12306 官网,用户也可以在 OTA 平台买票,如携程、飞猪、去哪儿、穷游、途牛、艺龙等 OTA 平台。

图 3.19　携程 APP 机票预定界面

3. 预订酒店

随着互联网＋旅游的发展，现在的酒店线上订单占比都非常高，很少有人直接到前台问价订房了，基本都会在网上提前预订。

在预订酒店过程中，用户最关心的是酒店的价格。酒店价格长期实行动态定价，其定价是酒店、OTA、供应商等长期博弈的结果，不同渠道按照自身情况会有差异，因此酒店价格可能不同。用户可以通过酒店官网或者 OTA 平台进行预定。

各大酒店集团都有属于自己的会员忠诚计划。用户注册成为酒店集团的会员，加入这些会员计划的主要好处是可以累积积分和房晚（SNP），使用积分可以兑换免费住宿或者优惠券，升级到较高的会员等级可以获得免费早餐、升级房型、延时退房、使用行政酒廊等待遇。但对大多数普通用户来说，官方渠道的价格可能略高于其他网上平台。

中国国内连锁酒店龙头有锦江酒店、华住酒店集团、首旅如家等酒店集团。以华住集团为例。华住会是华住酒店会员俱乐部，也是一个酒店预订平台。

OTA 平台网站一般会根据一定的规则将所有酒店进行默认排序，是根据用户的预订量、用户对酒店的综合评分，以及网站对酒店的考核综合量化标准而排列的。排在前的都是用户选择比较多，而且综合评价比较高的酒店。也可以根据自身要求，选择价格便宜的或是能接受的价格段，或是根据酒店星级排序进行筛选。目前，价格相对较低的是大型 OTA 平台，因为其流量较大，议价权较高。不过各平台的价格一般不会差距过大，否则就违反酒店业内维护定价公平合理的条目，也会侵害消费者权益。

随着用户群体从 PC 端向智能手机的大量转移，以及旅游用户预订习惯的转变，移动互联时代下的在线旅游市场极大地改善了用户的消费体验之外，移动互联在 OTA 模式中占据了重要位置。以携程和飞猪为例，在酒店预订过程中需要考虑的因素主要以下几个方面：

①查看价格。根据旅行预算，查找价格符合预算和心理预期的酒店。

②查看评价。通过 OTA 平台酒店入住用户的图文点评，决定是否入住。

③查看硬件设施。房间设施是否齐全，房间是否舒适卫生。

④查看交通情况。通过地图查看地理位置，是否位于商业中心地段，周边交通是否便利，离自己的目的地是否距离合适。

⑤查看购物就餐。以休闲娱乐为主的旅行，需要查看酒店是否在大型商场和美食街附近，是否方便购物和就餐。

根据价格、星级、地理位置、综合评价等条件筛选好酒店后，还可以通过平台提供的酒店电话咨询酒店住宿相关政策，如是否有免费停车，是否有免费的机场接送服务，是否包含早餐。另外，家庭出游的可以询问加床是不是收费等。对比各种条件之后，最终选择自己价格和便利条件都能接受的酒店，如图 3.20 所示。

图 3.20 飞猪酒店预订界面

4. 预定景点门票

要在网上预约景点门票，可以通过微信公众号、官网及支付宝等多种方式。通过关注景点微信服务号，即在服务号的导航栏中进行网上预约。也可以在支付宝"市民中心"里的"更多服务"中进行预约。或者在浏览器搜索景点官方网站，在官网上进行预约。以故宫为例，均需要提前通过其网络售票网站或微信故宫博物院观众服务号实名预约门票，在暑期和黄金周等旅游高峰时段，更是"一票难求"。

 议一议：你曾经使用过哪家 OTA 平台预订酒店？感知如何？

5. 行程规划

在预定好往返交通和住宿后，可以开始规划行程。做好旅行规划，可以让时间更紧凑，步伐更从容。一份完整的旅行计划可以让行程变得丰富而轻松，既提高了旅行质量，也能节省时间和金钱。通常可以通过手机或电脑制作行程表，比如手机端工具有穷游行程助手、步步出行助手、出发吧等，都是操作简单易行的行程规划软件。在电脑上，也可以利用穷游行程助手网页版、Excel 的表格功能等来制作行程表。在制作行程表时，可以参考知名旅行社成熟的团队路线，将他们已经设定好的路线作为参考，在此基础上进行自己的行程规划。

在制作行程表时，可以根据个人偏好和习惯制订精确到每日行程、上午下午或者每小时的行程。最简单的行程表，可以是只列出每天计划游览的景点，到时候根据具体情况再决定这些景点的游览顺序。这样简单式的行程表，好处是方便根据到达目的地后的具体情况进行调整。也可以制订具体的行程表，把行程表安排精确到每小时。如果行前获得的信息准确，攻略做到位，那么这样的行程表可以节省在旅中的大量时间和精力，如图 3.21 所示。

旅行行程规划表

目的地：海南三亚　　　　　　　　　　　　　　　　　　　　旅行日期：202X.1.1—202X.1.3

序号	日期	时间	行程安排				备注
			交通	景点	吃饭	住宿	
Day1	202X.1.1	8:00		亚龙湾		XX酒店	门票XX元
				热带天堂森林公园			门票XX元
Day2	202X.1.2			蜈支洲岛			门票XX元
				第一市场	海鲜大排档		吃饭XX元
Day3	202X.1.3			海棠湾			门票XX元
				免税店			门票XX元

图 3.21　旅行行程规划表

 议一议：为什么说旅游可以造就人的优美灵魂？

> • **知识拓展：人文素养**
>
> 　　人文素养是在对一定人文知识拥有和内化的基础上形成的学识和修养，反映一个人的人格、气质、情感、世界观、人生观、价值观等方面的个性品质。它是一个人外在精神风貌和内在精神气质的综合表现，也是一个现代人文明程度的综合体现。人文素养的内容包括哲学素养、文学素养、史学素养、艺术素养等方面。人文素养是核心素养的重要组成部分，是一个人的内在素质和修养，在个人持续发展和社会竞争优势方面具有不可忽视的作用。
>
> 　　在人们无限热衷旅游的今天，借助旅游活动途径，培育人文素养可以说是一个最佳最有效途径。
>
> 　　毕淑敏曾说，旅行是一种学习，它让你用一双婴儿的眼睛去看世界，去看不同的社会，让你变得更宽容，让你理解不同的价值观，让你更好地懂得去爱、去珍惜。
>
> 　　三毛说过，背起行囊，做一个旅者，穿梭于各个城市，领略各族人民不同的风采，历经沧桑，尝尽人间百味，也是一种人生姿态。

旅游使我们尽享自然之美与人文之美，会净化人的灵魂，陶冶人的性情，开阔视野，培育良好的人文素养。人文素养在大学生的成长中起着非常重要的作用，能够启迪人的智慧、开发人的潜能、调动人的精神、激扬人的意志、规范人的行为，以及维护人的健康、控制社会稳定，协调人际关系等。

动一动：暑假到了，你准备和另外3位同学计划结伴出去游玩3天。出发地为温州，目的地为杭州，请参考图3.21制订一个旅行计划表。

①预订旅行线路、交通工具、投宿酒店、景点门票等。
②了解旅游地的人文、饮食、娱乐、气候等。
③预算旅游费用。

3.4 互联网应用之工作篇

党的十八大以来，以习近平同志为核心的党中央高度重视互联网和信息化发展。习近平总书记提出，要善于运用互联网技术和信息化手段开展工作。现今社会已进入一个互联网的时代，互联网已经融入社会生活方方面面，深刻改变了人们的生产和生活方式，人们需要智慧地利用互联网，找到更好的工具、方法，高效整合资源，解决工作中的实际问题。

3.4.1 网上求职

网上求职作为一种特殊的择业形式，其不仅可以为天南海北的求职者带来平等表现机会，也可以有效降低用人单位招聘成本，进而促使网上求职获取越来越多的求职者和用人单位的青睐。随着信息技术的不断发展和普及，如今网上求职已经逐步成为广大求职者找工作的一种重要途径。

想要通过互联网找到一份适合自己的工作，其实也是有一定的方法和技巧的，首先必须要了解求职的流程，在通过网络投递简历或者是进行其他的一些操作时，这些流程必须要掌握清楚，才能够让自己的求职进程顺利地开展。

然后选择适合自己的网上招聘平台，比如智联招聘、前程无忧、BOSS 直聘或者是用人单位官网等。通过互联网找工作的时候，一定要找靠谱的招聘网站来获取相关的招聘信息，同时在上面填写清楚自己的个人信息，这样才能够尽量地保证自己的个人信息的安全以及避免造成更大的损失。

最后就是登录招聘网站或者用人单位的相关网站投递个人简历。网上求职不建议无目的地盲目求职，在投递之前，需要结合自身的专业能力、兴趣爱好、个人特长做好信息的筛选，例如公司行业、职业类型、工作经验、薪资等信息，合理选择用人单位，精准确定招聘信息，尽可能避免在同一单位同时投多个岗位的情况。有些用人单位并不会使用人才网站的这一系统，而是让求职者通过他们留下的邮箱投递个人简历。求职者也可以通过网站上留下的联系方式，直接与用人单位进行沟通联系。

网上求职时，还可以直接参加在线招聘，相对于线下招聘来说，网上招聘人数更多，受时间的限制影响，留给每名求职者的时间都相对有限，因此，在应聘过程中，尽可能用简明扼要的语句凸显出自身的个人特点和优势；此外，求职者在提问时，也应尽可能简明扼要，精准询问自己最想知道的问题，并在征询用人单位同意以后留下联系信息，为后续面试做准备。

动一动：在线设计并投递个人简历。

步骤如下：
①输入网上招聘平台网址：https://www.51job.com/。
②在公司搜索框中输入"电子商务"，并且工作地点添加为"温州"，如图 3.22 所示。

图 3.22 搜索框示意图

③利用简历模板，如图 3.23 所示，进行修改并添加简历封面。

图 3.23 简历模板图

④试着选择适合自己的岗位进行简历的投递。

相对传统招聘方式来说，网上招聘方式对用人单位和求职者均存在一定的优、劣势。对于用人单位来说，网上招聘方式可以有效提高员工招聘效率，降低招聘成本，扩大招聘范围，促使用人单位有着更大的选择空间；但同时，网上招聘却有无法深入了解求职者等劣势，容易因为了解过少而导致岗位不符合求职者实际情况的现象。对于求职者来说，网上求职同样可以提高求职效率，并且可以扩大求职范围，增加求职者的选择空间。

由于网上招聘信息繁乱复杂，并且现有的求职网站均存在一定的不完善情况，再加上相关网络监管不健全，不利于求职者深入了解用人单位的实际情况，极易被不法分子钻空子，通过看似丰厚的福利待遇诱惑求职者应聘，或者是以岗前培训为由，收取培训费用。因此，在网上求职过程中，求职者要提高警惕心理，做好以下两个方面，严防上当受骗。

1. 找正规的招聘网站

正规网站在刊登人才需求信息时，已验证招聘单位的真实性。若要进一步验证，可以登录当地的工商局网站查询一下企业的注册情况，或者直接在"百度"里输入"公司名+骗子公司"，看一下搜索结果，也可以到一些求职论坛发帖请教。

2. 全面了解招聘信息

有些招聘网站会降低该公司的入职门槛及要求，夸大提供的报酬及福利。学生除了参加学校、教育部门、人事部门所组织的正规网上招聘活动以外，也可以向学长请教，选择适合自己的网上招聘会，或者参加网上在线招聘，以增加求职机会。

 议一议：在求职过程中，如何突出自己的敬业精神？

• 知识拓展：敬业精神

在求职过程中，尽可能避免在同一单位同时投多个岗位的情况，避免给用人单位留下爱岗敬业精神较差等不良影响，影响求职成功概率。

中华民族历来有"敬业乐群""忠于职守"的优良传统。早在春秋时期，孔子就留下了"执事敬""修己以敬"等话语，主张人在一生中始终要勤奋、刻苦，为事业尽心尽力；荀子也说"凡百事之成也，必在敬之"；宋代大学问家朱熹曾解释道，"敬业"就是"专心致志以事其业"，即用一种恭敬严肃的态度对待自己的工作，认真负责，一心一意，任劳任怨，精益求精。爱岗敬业是人类社会最为普遍的奉献精神，看似平凡，实则伟大，它不仅是个人生存发展的需要，更是社会进步的保证。千百年来，中华民族爱岗敬业的优秀人物层出不穷：鲁班在生产实践中得到启发，经过反复研究、试验，发明了刨子、曲尺、墨斗等工具，是工人立足本职、钻研创新的典范；李时珍遍尝百草、呕心沥血而写成《本草纲目》，是科学家工作严谨认真的体现；周恩来总理"鞠躬尽瘁，死而后已"，是领导干部公而忘私的楷模，时至今日，

> 我们的社会仍不断涌现忠于职守、精益求精的敬业者。他们将自身对工作的热爱和激情融入事业中，他们的思想和精神值得求职者学习，所以求职者应以他们为榜样，在不断完善和落实自身的职业生涯的同时，还需要以爱岗敬业者为参考，不断纠正自身错误的思想观念，认识到爱岗敬业对自己职业发展、自我价值实现的作用，进而将爱岗敬业精神转变为习惯，用自己的行为进行阐述和执行。

3.4.2 在线调查问卷

调查问卷，是社会调查研究活动中用来收集资料的一种重要方式。纸质时代，公司往往会使用传统的调查方式：编辑问卷，打印调查表，雇用员工来分发和回收。然而这种做法不仅浪费资源，而且分析与统计结果麻烦，成本比较高。互联网时代，在线问卷调查可以轻松解决这些问题。与线下调查问卷相比，在线调查问卷节省了时间，用户也更容易参与调查。

一般来说，在线调查问卷是使用专业的问卷平台，利用平台所提供的功能来创建或生成问卷，然后将问卷的网页链接或二维码分享给需要调查的群体，可下载二维码和链接分享到微信、QQ 等通信工具。问卷调查结束后，管理端后台自动生成问卷调查结果，省去汇总的麻烦。常见的问卷平台有问卷星、调查派等。

1. 调查问卷平台

（1）调查派（http://www.diaochapai.com/）

其包括：简单好用的在线调查系统，提供永久免费，适用于基础调查、报名的大众版；具有更强功能，更高安全性，适用于企业、院校、政府机构的专业版。其具有灵活的使用和升级方式，便于更好地安排日常调查工作。

（2）问卷网（https://www.wenjuan.com/）

问卷网是专业易用的问卷调查系统，提供免费的问卷的创建、发布、管理、收集及分析服务。

（3）ASKING（https://asking.wenjoy.com）

ASKING 是目前唯一完全针对移动平台设计的线上问卷服务，内建超过上百种问卷模板，可以直接在手机平板上更简单地制作各式问卷，通过个人的社交网络，比如微信、QQ、电子邮件、短信、二维码等，一键发送问卷给好友，不仅增加移动性，还可以随时随地查看即时问卷回复结果，通过智能云智慧分析系统，即时将调查结果以精美图表呈现，而且作答者不需要下载 APP 即可在手机、平板或是电脑上回答问卷。

（4）问卷星（http://www.wjx.cn/）

长沙冉星信息科技有限公司旗下问卷星，是国内最早也是目前最大的在线问卷调查、考试和投票平台，自 2006 年上线至今，用户累计发布了超过 3 422 万份问卷，累计回收超过

23.72亿份答卷。问卷星平台不限题目数，不限答卷数；支持分类统计与交叉分析，免费下载报告和原始答卷，完美支持手机填写、微信群发。

（5）调查宝（http://www.diaoyanbao.com/）

调查宝是国内领先的全免费在线调查系统，可以为用户提供方便、快捷的调查问卷、市场调查、满意度调查、调查报告等解决方案，快速、有效地独立开展在线调查和网络调查。

问一问：微信营销的优势及特点是什么？

2. 调查问卷制作

问卷星是一个专业的在线问卷调查、考试、测评、投票平台，专注于为用户提供功能强大、人性化的在线设计问卷、采集数据、自定义报表、调查结果分析等系列服务。问卷星使用流程一般包括以下几个步骤。

（1）在线设计问卷

以问卷星平台www.wjx.cn为例，其提供了所见即所得的设计问卷界面，支持49种题型以及信息栏和分页栏，并可以给选项设置分数（可用于考试、测评问卷），可以设置关联逻辑、引用逻辑、跳转逻辑，同时，还提供了千万份量级专业问卷模板。如图3.24所示，注册登录问卷星，创建调查问卷。问卷星提供了四种创建调查问卷的服务：自主创建问卷、引用他人问卷、导入文本、录入服务，如图3.25所示。

①自主创建问卷。在"调查名称"框里面输入想要创建的调查项目的标题，单击"立即创建"按钮，如图3.26所示。

②引用他人问卷。问卷星平台提供了多种模板分类，也可在搜索框中搜索其他用户公开的问卷，以他人问卷为模板进行修改发布，如图3.27所示。

③导入文本。根据问卷星平台的文本格式要求将已准备好的问卷文档复制到导入文本入口，如图3.28所示。

（2）编辑问卷

选好创建方式后，进入编辑问卷页面。

图 3.24　问卷星创建问卷界面

图 3.25　问卷类型选择

图 3.26　输入调查项目名称

图 3.27　问卷模板

图 3.28　导入文本界面

①问卷标题、问候语。首先，在标题下方，单击"添加问卷说明"按钮，问卷说明部分填写问候语及填表说明，如图 3.29 所示。

②题目录入与设置。问卷星平台提供了单选、多选、填空、矩阵、排序、下拉框、多级下拉等多种题型，设计者可根据自己的需求选择相应的题目类型、外观和逻辑。也可单击具体题目，在弹出的页面中进行题目设置，如图 3.30 所示。

填空题型有单项填空、多项填空和矩阵填空三种类型。单项填空多应用于开放性题型；多项填空可以用于收集被调查者的背景信息；矩阵填空可以从多个角度了解被调查者对于问题的看法与建议，如图 3.31 所示。

图 3.29　问卷标题与问候语编辑

图 3.30　问卷星题目类型

图 3.31　填空题型

矩阵题非常适合态度测量，如评比量表和语义差别量表，如图 3.32 所示。

图 3.32　矩阵题型

排序题应用于顺位量表，如图 3.33 所示。

图 3.33　排序题型

③题目逻辑。设置题目关联，是指后面的题目关联到前面题目的指定选项，只有选择前面题目的指定选项，后面的题目才会出现。通过关联逻辑可以设置在问卷打开时不显示某些题目，只有在选中关联的选项后才会显示。例如，问卷的第3题"请问您不去影院观影的原因是什么"依赖于第2题的"从来不去电影院看电影"这个选项，只有选中"从来不去电影院看电影"这个选项，第3题才会出现，如图3.34所示。

图3.34 关联逻辑

④问卷设置。在编辑完所有的问题后，可预览问卷，查看问卷的整体编排，随后进入问卷设置。可开启时间设置，控制问卷开始与结束的时间；可通过权限设置，控制回收问卷的上限、同一设备只能作答1次及限制IP等；还可以对问卷内容与结果进行设置，如是否允许搜索引擎检索问卷内容及是否公开调查结果，如图3.35所示。

为了提高客户的参与度，可以通过发放参与调查红包和奖品的形式来刺激客户，如图3.36所示。

(3) 发布问卷

问卷编辑完成后，可以直接发布并设置相关属性，例如问卷分类、说明、公开级别、访问密码等。通过微信、短信、QQ、微博、邮件等方式将问卷星生成的二维码与问卷的网页链接发给填写者填写，问卷星会自动对结果进行统计分析。

(4) 分析统计

调查完成后，可以通过柱状图、饼状图、圆环图、条形图等查看统计图表，卡片式查看答卷详情，分析答卷来源的时间段、地区和网站。也可以创建自定义报表，即通过设置一系列筛选条件，不仅可以根据答案来做交叉分析和分类统计（例如统计年龄在20~30岁之间女性受访者的统计数据），还可以根据填写问卷所用时间、来源地区和网站等筛选出符合条件的答卷集合。也可以下载统计图表到Word文件保存、打印，在线SPSS分析或者下载原始数据到Excel导入SPSS等调查分析软件做进一步的分析。

| 预览问卷 | 设计向导 | 编辑问卷 | 问卷设置 | 问卷外观 | 红包&奖品 | 质量控制 |

问卷名称　　**市民电影消费行为调查问卷　编辑

时间设置　　● 已开启

　　　　　　☑ 开始时间 [　　] 0 ▼ : [　　] 开始前提示语
　　　　　　☑ 结束时间 [　　] 0 ▼ : [　　] 结束后提示语
　　　　　　☐ 每天仅在指定时间段内作答 （企业版专用）

权限设置　　☐ 允许断点续答 （企业版专用）
　　　　　　☐ 允许提交答卷前预览答卷
　　　　　　☑ 设置回收答卷上限 [　　] 份　自定义超出后提示文字
　　　　　　☑ 答题者作答次数设置

　　　　　　　☑ 作答设备控制
　　　　　　　　限同一手机或电脑 [只能 ▼] 作答 [1] 次 ❓
　　　　　　　☐ IP地址限制（注：移动网络同一地区会存在使用同一个IP的情况，不推荐使用）
　　　　　　　☐ 微信作答控制
　　　　　　　自定义重复作答提示文字

内容&结果设置　问卷内容 [允许搜索引擎检索 ▼]　☐ 转发到微博
　　　　　　　统计信息：不公开　设置
　　　　　　　详细信息：不公开　设置
　　　　　　　对外查询：让参与者通过输入条件（如姓名、手机号）来查询数据。　对外查询设置

图 3.35　问卷设置

图 3.36 调查奖品设置

动一动：利用"问卷星"等网络问卷设计平台，设计并发布一份线上调查问卷。

写下步骤：

3.4.3 微信公众平台

微信公众平台是开发者或商家在微信公众平台上申请的应用账号，是一种主流的线上线下微信互动营销方式。通过公众号，用户可在微信平台上实现与特定群体的文字、图片、语音、视频的全方位沟通、互动。目前，微信公众平台支持 PC、移动互联网网页登录、PC 客户端以及移动 APP 登录，并且可以绑定私人账号进行信息群发。

微信公众平台作为手机新媒体的主要形式，凭借推送的消息融合声、图、动画等各种元素，能弥合时间、空间、内容、渠道以及传送或接收主体之间的缝隙，实现"一对多"的精准传播，通过分享、转发等功能实现信息的复制与再传播功能，越来越受到大众的青睐。迎合当代年轻人对信息的需求，将微信公众平台应用于移动电子商务已是必然的趋势，加之低成本的运营，精准的传播和高质量的互动社交，时间灵活、选择自由、多样化，在"互联网+"教育、购物、餐饮、旅游、生活、出行、娱乐等具有明显的优势，如图3.37所示。

图 3.37　微信公众号平台生态

> **想一想**：微信公众号平台生态的核心是什么？

1. 微信公众账号的分类

（1）服务号

为企业和组织提供更强大的业务服务与用户管理能力，主要偏向服务类交互，提供绑定信息、服务交互。该账号必须有营业执照方可注册，适用的人群有媒体、企业、政府或其他组织。服务号1个月（按自然月）内可发送4条群发消息。

（2）订阅号

为媒体和个人提供一种新的信息传播方式，主要功能是在微信侧给用户传达资讯，例如提供新闻信息或娱乐趣事。该账号适用的人群有个人、媒体、企业、政府或其他组织。与服务号不同的是群发次数，订阅号1天内可群发1条消息。

（3）企业号

企业号，顾名思义，就是企业专用的账号，这类账号的作用主体在于企业自治或是行业合作、沟通等，可以帮助企业更好地进行内部、外部的资源管理，通过在微信这个平台上快速地加强企业的信息同步以及协同效率，强化企业对于员工的管理以及对于线上业务的交接。

 动一动：注册个人微信公众号。

步骤如下：

①打开微信公众平台官网：https://mp.weixin.qq.com/，单击"立即注册"按钮，如图3.38所示。

图3.38 注册界面

②选择账号类型，如图 3.39 所示。

图 3.39　账号类型

③填写邮箱，登录邮箱，查看激活邮件，填写邮箱验证码激活，如图 3.40 所示。

图 3.40　验证码激活

若未收到如图 3.41 所示邮件,可能被邮箱系统视为垃圾邮件,可请将微信团队邮箱设置为白名单后重新发送邮件,操作方法:登录邮箱,单击"设置"→"反垃圾/黑名单"→"添加白名单"(weixinteam@tencent.com);若已经设置,可更换浏览器/网络环境重新发送,或者是使用其他邮箱激活。

图 3.41 回复邮件

④选择类型,选择注册地,如图 3.42 所示。

图 3.42 注册地

⑤了解订阅号、服务号和企业微信的区别后,选择想要的账号类型,如图 3.43 所示。

互联网技术与应用基础

图 3.43　账号类型

⑥信息登记，选择个人类型之后，填写身份证信息，如图 3.44 所示。

图 3.44　身份证信息

⑦填写账号信息，包括公众号名称、功能介绍、选择运营地区，如图 3.45 所示。

图 3.45 账号信息

注册成功后，就可以使用公众号了。

2. 内容制作

在微信公众号的运营中，内容依然是核心竞争力和灵魂。微信公众号内容创作通常具有着强烈的目标性，必然要有技巧、规律和针对性在其中，通过内容创作的标准化，可以有效降低内容的创作成本，提升内容生产效率，创作出更优质的内容。内容标准化流程主要包括明确目标、内容策划和设计、内容制作、内容审核、内容运营和营销、效果评估和复盘、归档管理、迭代优化。以"年糕妈妈育儿生活"公众号中推文《身高猛长期来了！这个长高办法不花一分钱，谷爱凌妈妈也在用》为例，如图 3.46 所示。

 议一议：查阅有关"年糕妈妈"公众号案例，谈谈如何看待微信平台？

- 知识拓展：年糕妈妈育儿生活公众号

年糕妈妈本名李丹阳，简称糕妈，毕业于浙江大学医学院，获医学硕士学位，儿子小名叫年糕，便自称年糕妈妈。因医学专业毕业，加之悉心学习育儿知识，又乐于分享自己所学，糕妈逐渐成了身边妈妈群体中的育儿专家，也正是在诸位年轻妈妈朋友们的鼓励下，糕妈开设了自己的育儿公众号。

在公众号成立之初，年糕妈妈只是小打小闹，玩票性质浓厚，内容多集中在分享自己关心的育儿知识，发布文章的频率为每周 3 篇，每篇文章的阅读量为 6 000~7 000。但在短短 1 年时间里，凭借讲科学、接地气的朴实语言，年糕妈妈公众号文章的篇均阅读量就已达到 10 多万，收获了数百万粉丝的关注，公众号发文频率也顺应粉丝呼吁提升至每天 1 篇。在两年时间里，年糕妈妈已经发布了近 500 篇文章，

互联网技术与应用基础

图 3.46　推文

其中，最"畅销"文章的阅读量达到了惊人的 200 多万。

随着公众号粉丝的日益壮大，为了能帮助到更多的妈妈解决带娃过程中遇到的种类繁多的问题，年糕妈妈开始全情投入，除了带娃之外，精力基本上都用来做微信。靠谱的育儿知识加上靠谱的母婴用品，"年糕妈妈"从最开始的一个公众号上线，在微信生态里逐步搭建起了复合的图文传播矩阵，一步一个脚印的糕妈也从一位全职妈妈成长为微信育儿专家，展现了一个真实的"新女性"形象，她所走的道路也为职场和全职妈妈们带来了一种新的可能。年糕妈妈育儿生活公众号如图 3.47 所示。

图 3.47　年糕妈妈育儿生活公众号

(1) 明确目标

内容即营销,通过结合热点,制作优质、精品的内容,营销相关业务和产品,这个过程是双向的。可以先明确目标,再策划相关主题的内容;也可以结合热点事件写的精品内容,再思考可以营销哪些业务。推文《身高猛长期来了!这个长高办法不花一分钱,谷爱凌妈妈也在用》就是结合了谷爱凌摘取奥运会金牌这个热点事件,进行内容营销,高效吸引粉丝。

(2) 内容策划和设计

结合可以营销的业务,从热度、受众、影响力、传播力、效率等维度来呈现内容,并通过融入传播学和互联网人性分析,促进内容的传播。年糕妈妈育儿生活作为一个育儿类型的公众号,营销业务主要以提供分享各种育儿知识,小儿推拿知识,智慧爸爸、智慧妈妈养成记等知识为主。

推文《身高猛长期来了!这个长高办法不花一分钱,谷爱凌妈妈也在用》利用北京冬奥会健儿阳光、健康的形象和永不放弃的精神从热度、影响力、传播力这三个维度来呈现内容。

(3) 明确内容的整体框架

收集相关的资料,整理整体框架。《身高猛长期来了!这个长高办法不花一分钱,谷爱凌妈妈也在用》推文框架如下:

第一步:揭晓答案。不花一分钱,人人都能做到的方法是睡觉。

第二步:提供支撑"睡觉是长高秘诀"的依据。通过展示冬奥运健儿的访谈资料,总结得出长时间、连续的睡眠,对孩子身体发育、智力、情商都有非常积极的影响。

第三步:增加推文的真实性。从医学角度讲解睡眠对智力、生长的影响,加强推文的科学性。睡眠能激活海马体,影响孩子的专注力和情绪管理能力。和身高息息相关的生长激素,也跟睡眠时间有密切关系。

第四步:分享个人的实战经验。睡眠是孩子智商和情商发展的能量之源,想要孩子长高,让他们睡好、睡够,是最重要的。年糕妈妈分享她的育儿方法,保证睡眠总时长,提高睡眠质量,制订一个良好的睡眠秩序。

(4) 痛点分析和需求分析

分析目标用户迫切想看到的内容。"年糕妈妈育儿生活"公众号的用户群体以25~40岁的中国女性为主,这类人群大部分初为人母,对如何养育小孩以及如何教育小孩各类相关问题都有着很强烈的求知欲望。

问一问：微信营销的优势及特点是什么？

3.4.4 H5 页面制作

1. H5 简介

H5 即 HTML5，是指第 5 代 HTML，是 Hyper Text Markup Language 5 的缩写，也指用 H5 语言制作的一切数字产品。它是互联网的下一代标准，是构建以及呈现互联网内容的一种语言方式，被认为是互联网的核心技术之一。随着移动互联网技术的兴起和智能手机的普及，HTML5 技术在移动端的应用日益广泛，其特点表现在以下几个方面。

（1）H5 具有良好的跨平台性

开发者只需要开发一个版本，就可以兼容 PC 端和移动端、Windows 和 Linux、Android 和 iOS，从而极大地节省开发和运维的成本。

（2）H5 无须下载安装

用户不需要下载 APP，可以从微信、QQ、浏览器等入口直接打开 H5 页面，为 H5 页面的推广提供了更多便利。基于 H5 开发的轻应用比本地 APP 拥有更短的启动时间、更快的联网速度，而且无须下载占用存储空间，特别适合手机等移动媒体。这种轻量级、机动灵活的网页技术也易于更新，为用户带来更多、更新的视听感受。

（3）H5 支持富媒体

H5 无须依赖第三方浏览器插件即可创建高级图形、版式、动画以及过渡效果，H5 页面包括文字、图片、音乐、视频、链接等多种形式，其丰富的控件、灵活的动画特效、强大的交互应用和数据分析功能，使其能高速、低价地实现信息传播，非常适合通过手机来展示、分享。

2. H5 展示形式

H5 的展示形式非常多样，可总结为五种，分别为展示型、互动型、场景型、游戏型、测试型等。展示型 H5 是最常见的 H5，制作难度低，人人可以参与制作。在一些 H5 制作平台上，只需上传图片，就可以套用模板生成一个 H5。图的形式千变万化，可以是照片、插画、GIF 等。展示型是通过滑动来展示内容，起到类似于幻灯片的传播效果，展示的内容相对简单，页面互动效果也相对简单。常见的互动方式为由底部向上滑动进入下一页，通过这样不断地翻页来展示页面要表达的内容，即文字和图片。展示型 H5 常用到的场景有活动宣传、出游照片合集等。

互动型 H5 和展示型 H5 类似，都是展示内容，只不过形式不同：展示型的页面互动体验较差，侧重于直接展示的内容，而互动型则通过互动体验将要表达的内容展示出来，侧重于互动体验。用户通过在屏幕上各个方向的滑动、单击、拖曳等动作，完成一定的 H5 设置，才能顺利进行 H5 的演示。常见的互动形式有手机摇一摇、将手机水平放置和倾斜放置、通过手机麦克风与 H5 互动等。

场景型 H5 融入了一些互动型 H5 的成分，在比重上，场景型 H5 更着重 H5 展现形式的场景化，通过互动能进入一定的场景当中，将要传达的信息植入场景，从而使用户更容易接受一些强硬的广告信息。其主要形式是，以第一人称的视角打开 H5，进而跟随页面提示，一步步随着剧情探索下去。常用的模拟场景有手机来电、微信朋友圈等。

游戏型 H5 与前面三种 H5 展示形式类似，但也有所不同，最突出的一点是：展现内容本质上是一个游戏。不论通过屏幕互动还是手机感应器，其目的都是完成游戏。H5 游戏因为操作简单、竞技性强，一度风靡朋友圈。常见的游戏型 H5 有围住神经猫、2048、别踩白块等。

测试型 H5 最显著的特点就是基于测试标准、通过 H5 对网友进行测试对比，在互动形式上比较简单。其主要的形式有上传照片测试颜值、测运势、测人格等，其共同特点是对受众进行一个分值、等级等显性且有明显差异的排名。

> **想一想**：以招生宣传 H5 页面为例，采用什么展示形式更合适？

3. H5 页面制作工具

H5 页面灵活性高、开发成本低、制作周期短的特性使其成为当下网络营销的不二利器。对于一般公司和普通人来说，可以利用一些免费、实用的 H5 制作工具来制作属于自己的 H5 场景，常见的 H5 制作工具有易企秀、MAKA、凡客微传单、iH5 等。

(1) 易企秀

易企秀是一款针对移动互联网营销的在线 H5 场景制作工具，有 iOS、安卓移动客户端，在手机上也可创建场景应用，动态模板丰富，可以简单、轻松地制作基于 HTML5 的精美手机幻灯片页面。用户可以零代码快速制作一个炫酷的 H5 场景，一键发布，自助开展 H5 营销，满足企业活动邀约、品牌宣传、引流吸粉、数据收集、电商促销、人才招聘等营销需求。易企秀的主要模板界面如图 3.48 所示。

图 3.48　易企秀界面

(2) MAKA

MAKA 是一个创意设计工具和内容营销平台，其海量模板被 3 000 万以上的中小企业用户所创作和分享，MAKA 模板适用于门店经营、商家促销、招生培训、人力行政等多种营销场景。MAKA 的主要模板界面如图 3.49 所示。

图 3.49　MAKA 界面

(3) 凡科微传单

凡科微传单是凡科公司旗下的一款产品，是一个免费的 H5 制作软件，提供多种多样的 H5 模板，免开发，帮助用户快速制作 H5 页面，免费为企业提供邀请函、招聘招生、产品促销、品牌宣传等 H5 模板，助力企业玩转 H5 营销。凡科微传单模板界面如图 3.50 所示。

图 3.50　凡科微传单模板界面

(4) iH5

iH5 是专业的 H5 页面制作工具与创作服务平台，是国内自主研发的 HTML5 可视化编辑器和提供 H5 网页制作的多媒体交互工具。iH5 上多媒体页面的编辑、发布完全基于云端，包含教学培训、数字创意内容制作等一系列产品和服务。iH5 可视化编辑窗口如图 3.51 所示。

图 3.51　iH5 可视化编辑窗口

问一问：H5 页面和 APP、小程序的区别是什么？

4. H5 页面制作

早期的 H5 页面制作成本非常高昂，现如今得益于第三方 H5 页面制作平台的出现，制作变得越来越简单。在进行具体的页面制作之前，一定要先明确制作的目的，是品牌传播还是产品宣传，或者是活动推广等，基于制作目的和需求，确定合适的展现形式。接下来，可以确定页面的设计风格和原型，着手制作 H5 页面。由于视觉设计的要求高、耗时长，有许多公司会采用第三方平台提供的便捷模板进行再加工，下面以凡科微传单为例，详细介绍 H5 页面的制作方法。

（1）选择合适的模板

凡科微传单提供非常多的模板，按照节日热点、使用场景、趣味功能、行业分类等进行划分，方便用户快速选取。用户可以结合营销需求和预算选择合适的模板，如图 3.52 所示。

图 3.52　模板界面

（2）编辑页面

选定模板后，进入编辑页面，可以先浏览模板页面，增加或者删除相关页面，如图 3.53 所示。

图 3.53　编辑页面

（3）添加图文

在做好页面规划之后，就可以进行页面设计，包括添加图片、文字等。利用顶部的工具栏，可以添加文字、图片等素材，页面右部的工具栏主要是完成字体、图片等素材的设置和编辑，如图 3.54 所示。

图 3.54　图文编辑

(4)添加动画

完成文字、图片等素材的添加之后,需要对该素材或者页面进行动画设计,让静态的页面动起来。选中需要设计动画的素材,在页面右部单击"动画"选项卡,设置动画效果,凡科微传单包含打印、淡入、旋转等常用动画效果,如图3.55所示。

图3.55 添加动画

(5)添加音乐

完成页面元素的动画设计之后,可以为H5页面添加背景音乐。背景音乐的选择要符合H5页面主题,平台提供了相关素材,也可以添加"MP3"格式的本地音乐,非会员用户可上传不超过20 MB的文件,如图3.56所示。

图3.56 添加音乐

(6) 保存预览

制作完成后，单击页面右上角的"保存"按钮，然后单击"预览和设置"按钮，对当前的 H5 页面进行预览，还可以在预览界面的右部设置分享样式，包括分享标题、分享描述、封面图、页面标题等。完成所有设置之后，可以单击预览页面下部的"分享作品"按钮，如图 3.57 所示。

图 3.57　保存预览

(7) 数据收集

在分享 H5 页面之后，可以进入后台，了解页面的访问次数、人数等数据，为下一步营销活动奠定基础。

 动一动：请制作一份个人展示型 H5 页面。

> 制作 H5 页面要求包含以下内容：
> ① 文字：如姓名、爱好、特长、奋斗目标等。
> ② 图片：如个人生活照、班级合照等。
> ③ 音乐：积极向上、体现大学生精神面貌的配乐。

5. H5 制作注意事项

在制作 H5 页面过程中，除了对页面主题和视觉交互进行把控外，还要做好细节的处理，为用户提供更好的体验，以下两点是在 H5 页面制作过程中的注意事项。

(1) 页面适配

由于市场上手机种类繁多，型号不同，手机屏幕的大小和类型也会有所不同，因此，在制作 H5 页面时，要提前考虑好页面布局，尽量让内容都处于中心位置，不会在实际观看中被边界挡住，而且要保证不同终端的界面自适应，兼顾市面上的主流手机，除了常规尺寸的屏幕，也需要考虑一下全面屏、带虚拟键盘的屏幕等特殊情况。在凡科微传单中，可以通过手机适配设置，灵活地解决这个问题，如图 3.58 所示，单击按钮导航栏中倒数第二个按钮"手机适配"，打开全面屏、短屏的开关，并设置参考线。开启"手机适配"后，可以在画板上直观地看到不同尺寸手机的显示效果。

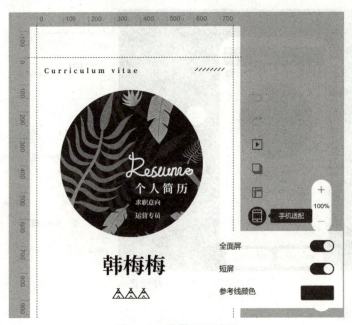

图 3.58 设置页面适配

（2）文字使用

在 H5 页面制作中，文字不宜过多。一是 H5 页面本身就是按照手机屏幕的大小来制作的，承载不了太多文字。二是多数用户往往没耐心仔细浏览一大段文字。当在 H5 页面中加入文字元素时，一定要注意字体的运用，突出重点。

 议一议：制作并分享各自 H5 页面，指出优缺点。

3.4.5 快速构建网站

网站（Website）是指在因特网上，根据一定的规则，使用 HTML 等工具制作的用于展示特定内容的相关网页的集合。人们可以通过网站来发布自己想要公开的资讯，或者利用网站来提供相关的网络服务，也可以通过网页浏览器来访问网站，获取自己需要的资讯或者享受网络服务。

1. 网站类型

随着互联网的普及，网站在各行各业的作用日益凸显，纷纷建立自己的网站进行宣传、产品资讯发布、招聘等。以提供网络资讯为盈利手段的公司，则在网站上提供人们生活各个方面的资讯，如时事新闻、旅游、娱乐、经济等。常见的网站类型主要包括门户型、企业网站型、在线社区型等。

门户型网站是指通向某类综合型互联网信息资源并提供有关信息服务的应用系统。综合型门户网站以新闻信息、娱乐资讯为主，地方生活门户以本地资讯为主，一般包括本地资讯、同城网购、分类信息等频道。著名的新浪、网易、人民网等都属于门户类网站。

企业网站型是企业在互联网上进行网络营销和形象宣传的平台，相当于企业的网络名片，利用网站来进行宣传、产品资讯发布、招聘等。企业网站包括多媒体广告、产品展示和电子商务等类型。多媒体广告类主要面向客户或者企业产品（服务）的消费群体，以宣传企业的核心品牌形象或者主要产品（服务）为主，类似于平面广告、企业宣传片。产品展示类主要是一类宣传信息产品的网站，注重展示网站产品的详细信息、功能优势、产品服务、产品用途等，以直接、有效的方式展示产品，从而增加用户的体验感。电子商务类主要面向供应商、客户或者企业产品（服务）的消费群体，以提供某种直属于企业业务范围的服务或交易，或者为业务服务的服务或者交易为主，如网上银行、在线商城等。

在线社区型网站是业内人士、专家学者和普通大众针对某些话题进行讨论、解答和发表看法的场所，如知乎、天涯。

问一问：试列举常用的 3 个不同类型网站，并说明其提供的主要服务或内容。

2. 网站设计

网站的重要性日益凸显，企业在进行网站开发之前，必须要进行网站设计，一个网站设计得好不好，很大程度上会影响用户体验。好的网站设计能够事半功倍，吸引更多的用户单击、浏览，从而实现用户转化。网站设计要注意以下几个方面。

（1）网站定位

无论是做个人网站还是企业网站，最重要的基础工作就是确定好网站的定位，确定网站的目标和用户。其次，根据网站定位，确定网站的设计风格，鲜明一致的设计风格可以突出公司品牌文化和格调，所有页面的设计都要保证色调统一，从而给用户留下深刻的印象，也可以适当添加一些辅助颜色，给人以视觉上的愉悦感，增加用户好感度。

（2）网站功能

网站的功能关系着网站是否能够满足用户需求，所以，在网站设计过程中，一定要重视网页的功能设计，结合实际情况和用户的需求，做好前期建设规划，给用户带来更好的使用体验。

（3）网站导航

用户浏览网站，是想获取他想得到的信息。如何方便、快速地让用户查看到自己想要的信息，也是网站设计过程中很关键的一步。网站导航是网站的导向标，能够引导用户找到有效信息，达到用户使用的最终目的。所以，在设计版面时，要将导航放在最显眼的位置，让用户能够在第一时间熟悉网站的布局和整体框架，快速找到有效信息，提升实用度。

（4）网页内容

网站建设的支撑是网站的页面内容，合理而丰富的网站内容能够符合企业文化宣传的目的，也能够满足不同用户的需求。在内容设计时，注意突出主要信息。结合企业的营销目标，目标客户最感兴趣的及最强大的销售信息放在最重要的位置。

（5）网站优化

在建站的时候，不需要设计太多的页面，主页内容也不用太多，否则就会降低打开速度，同时，还要注意的是，尽量使用比较少的动画效果。网站设计过程中，也要考虑到网站后期的优化，SEO 优化是最有效，也是成本最低的优化营销方式。

 议一议：如何做好网站创新？

• 知识拓展：网站创新

一个好的企业网站不仅能为企业在互联网上发布和收集信息提供平台，也能帮助企业传递企业文化和企业形象，促进品牌宣传，提高服务质量，塑造贴近消费者的品牌形象，搭建企业与消费者之间沟通的桥梁。

当前，互联网上很大一部分企业网站缺乏设计思想，没有个性，并没有体现企业文化。具有设计思想、富于企业文化信息、令人流连忘返、过目难忘，能够起到营销作用的网站更是凤毛麟角。随着互联网的发展，人们的鉴赏力也越来越高，对网站的设计也越来越在意，用户想看到的网站不是信息的简单罗列，否则就会很容易被淹没在浩如烟海的互联网之中。

因此，在网站建设与优化过程中，需要秉承创新意识，不断探索新技术、新风格，更新或增添网站内容、功能，甚至为了让网站更好地为企业服务，可以对网站进行重新规划设计，使企业网站能更加符合自己的需要。

创新是一种锐意进取的精神面貌，是一种勇于探索的工作态度，是一种不断追求卓越、追求进步、追求发展的理念。现在的社会是一个讲究创新、杜绝平庸的社会，构建网站也是如此，需要融入更多的创新意识，从创新开始，不要沿用老套的网站制作方法，而要让网民们能够在看到网站时有眼前一亮的感觉，从而乐意花时间来对企业网站进行详细浏览和具体关注。

创新是一个国家和民族发展的不竭动力，它不仅是网站设计美工的职业素质，而且是每个人职业发展的必备素养。

3. 建站步骤

完成网站设计之后，需要将设计方案付诸实践，也就是做好网站的开发。网站开发可以采用程序自助部署，主要付出人力成本，对代码编写能力要求较高；也可以通过第三方企业定制开发网站，主要是付出经济成本；还有一种方式就是采用模板建站，利用平台提供的建站模板进行编辑，相对经济实惠，对技术要求低，常用的平台有阿里云速成美站、凡科建站等。要搭建一个企业网站，需要完成以下 5 个步骤。

（1）域名购买

通过阿里云、新网互联等平台购买域名，网站域名越短越好，易于记忆。选择的域名建议与内容主题一致，这样更容易记忆，用户的信任度也会更高。

（2）服务器搭建

可以选择物理服务器和云服务器，现在大多数企业选择性价比更高的云服务器。国内可供选择的云服务器品牌有阿里云、华为云等。

（3）网站开发

结合网站的需求和定位，策划网站整体框架，也可以请专业人士进行网站设计。完成网站的整体设计之后，再进行网站的开发，开发的模块分为前端开发和后台开发，一般需要专业的团队完成。

(4)网站备案

登录工业和信息化部网站,单击"ICP 报备流程",提交信息。

(5)网站上线

完成网站搭建之后,上线网站,并制订进一步推广计划。

> 想一想:为什么要用模板建站?

4. 凡科建站

凡科建站是一站式网站建设系统和建站平台,3 000 套以上的网站模板免费提供使用,能够满足免费网站建设、网站制作、定制网站等需求,一次建设能同步完成"电脑+手机+微信"网站,为用户提供优质、便捷的网站建站服务。下面以凡科建站为例,介绍快速搭建网站的方法。凡科建站平台界面如图 3.59 所示。

图 3.59 凡科建站

(1)选择合适的模板

凡科建站提供各式各样的网站模板,用户可以根据需求选择合适的模板,如图 3.60 所示。如果不喜欢直接套用模板,也可以选择建立"空白模板"。

图 3.60　凡科建站模板页

（2）模块编辑

结合企业的相关信息，在固定模板上进行修改，包括网站标题、导航栏、首页各模块、图片及文字等，如图 3.61 所示。

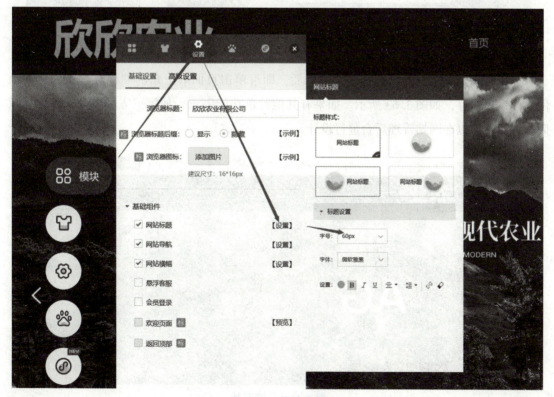

图 3.61　模块编辑

(3) 新增模块

此处以图片模块为例，单击页面左部工具栏，选中"模块-新增模块"，找到并添加图片模块，添加图片，设置图片特效，如图3.62所示。

图3.62 新增模块

(4) 保存网站

完成所有网站素材的设置和内容编辑后，即可单击页面右上角的"保存"按钮，完成网站建设并保存，如图3.63所示。如果有其他特色功能需求，如第三方平台登录、会员权限设置等，可以在网站管理后台进行设计。

图3.63 保存网站

第 3 章　互联网应用

动一动：请选择一个本土知名品牌，利用凡科建站为该企业制作门户网站。

写下步骤：

3.5 网络强国：勇担让互联网更好造福人类的责任

互联网在我国的普及和发展，为我国改革开放插上了翱翔的翅膀，尽管我国目前还不是网络强国，在互联网关键技术方面和发达国家相比也有一定差距，但我国的"七个全球第一""五个无处不在"，足以使我国成为一个在国际社会举足轻重的网络大国。"七个全球第一"即网络规模全球第一、网民数量全球第一、智能手机用户全球第一、网络社交参与人数全球第一、网购人数全球第一、电子商务交易额全球第一、移动支付数额全球第一。"五个无处不在"即无处不在的网络、无处不在的软件、无处不在的计算、无处不在的数据以及无处不在的"互联网+"。

伴随"互联网+"时代的来临，移动互联网、云计算、大数据、物联网等与现代制造业及现代服务业的结合越来越紧密，电子商务、工业互联网、互联网金融、动漫视频、网络游戏等新兴产业发展势头迅猛，重大创新成果不断涌现，催生了大批新产业、新业态和新模式，如高铁网络、电子商务、移动支付、共享经济等引领世界潮流，互联网迎来了更加强劲的发展动能和更加广阔的发展空间，已成为我国创新发展的探路者、先行军和主战场。中共中央总书记、国家主席习近平指出，互联网发展给各行各业创新带来历史机遇。要充分发挥企业利用互联网转变发展方式的积极性，支持和鼓励企业开展技术创新、服务创新、商业模式创新，进行创业探索。鼓励企业更好地服务社会，服务人民。要用好互联网带来的重大机遇，深入实施创新驱动发展战略。

当前，各行各业正通过互联网开展技术创新、服务创新、模式创新以及创业探索，不断延伸互联网运用范畴，拓展互联网服务空间，大力发展数字经济、释放数字红利，让互联网成为促进变革创新、实现互利互惠的合作共赢之网；特别是疫情期间，面对远程办公、在线教学、远程医疗等新模式带来的流量集中爆发式增长，我国广覆盖、大容量的网络基础设施保持了网络畅通，有力保障了群众基本的生产生活需求，为统筹疫情防控和经济社会发展贡献了行业力量。运用好互联网是根本，互联网应用的创新正推进我国从"网络大国"向"网络强国"的转变。

从互联网、移动互联、互联网+一路走来，人们认识到数字技术已经开始引领时代的步伐，全球经济数字化转型不断加速，全民数字素养与技能日益成为国际竞争力和软实力的关键指标。2021年，中央网络安全和信息化委员会印发的《提升全民数字素养与技能行动纲要》指出：数字素养与技能是数字社会公民学习工作生活应具备的数字获取、制作、使用、评价、交互、分享、创新、安全保障、伦理道德等一系列素质与能力的集合。提升全民数字素养与技能，是顺应数字时代要求，提升国民素质、促进人的全面发展的战略任务，是实现从网络大国迈向网络强国的必由之路，也是弥合数字鸿沟、促进共同富裕的关键举措。互联网时代，数字素养主要指拥有充分利用互联网的技能。有数字素养的人能够在数字生活实践中反思数字技术对人的认知与行为的影响，能够在网上找到可靠和准确的信息，并对这些信息的使用负责。让自己掌握信息获取和遨游数字世界的主动权，而不是被碎片信息所淹没，甚至沉溺于数字娱乐不能自拔。能够让数字娱乐和虚拟生活成为现实生活的补充，进而借助虚拟生活来改善现实生活的质量，让数字技术服务于现实所需。只有正确应对数字化时代带来的挑战，才能让人们成为数字化时代的主人，而不是被数字和算法驱使。

习近平总书记多次强调"网络空间是亿万民众共同的精神家园。网络空间天朗气清、生态良好，符合人民利益。网络空间乌烟瘴气、生态恶化，不符合人民利益。"为了让网络空间既充满活力，又安全清朗，国家需要加强网络空间治理，加强网络内容建设，做强网上正面宣传，培育积极健康、向上向善的网络文化，整治网络谣言、网络色情等网络乱象；实施"全国网络诚信宣传日""中国好网民工程"等活动，培养具备数字意识和社会责任感的数字公民，有效提升全民数字素养与技能。

互联网给各行各业创新带来历史机遇，有力地推动着社会的发展进步，互联网正成为实现中华民族伟大复兴的强大助力。当代大学生应当及时汲取这个时代给予我们的发展力量，倒逼自身不断发展完善，提升数字素养与技能，更好地运用互联网，让互联网更好地造福人类，这也是时代赋予我们的责任担当。

 辩一辩：互联网能否取代大学教授？

第 4 章

互联网安全

互联网犹如一柄"双刃剑",人们在享受互联网提供的便利的同时,也无时无刻不受到网络安全威胁。诸如用户账号被窃、数据被删、系统受破坏的案例层出不穷,网络谣言、网络诈骗等网络犯罪时有发生,网络监听、网络攻击、网络恐怖主义活动等已成为全球公害,网络空间在某种程度上已成为继陆、海、空、天之后的第五大主权空间。网络安全事关国家安全和发展,事关广大人民群众切身利益。

难重点笔记区

4.1 网络安全概述

所谓网络安全,所处角度不同,其具体含义也不尽相同。对于用户(个人、企业等)来说,主要是指涉及个人隐私或商业利益的信息在网络上传输时受到机密性、完整性和真实性的保护,避免其他人或对手利用窃听、冒充、篡改、抵赖等手段侵犯用户的利益和隐私,同时也避免其他用户的非授权访问和破坏;对于网络运行和管理者来说,主要是指对本地网络信息的访问、读写等操作受到保护和控制,避免出现"陷门"、病毒、非法存取、拒绝服务、网络资源非法占用和非法控制等威胁,并制止和防御网络黑客的攻击;对安全保密部门来说,主要是指对非法的、有害的或涉及国家机密的信息进行过滤和防堵,避免机要信息泄露,避免对社会产生危害,对国家造成巨大损失;而从社会教育和意识形态角度来讲,网络上不健康的内容,会对社会的稳定和人类的发展造成影响,必须对其进行控制。

归纳而言,网络安全问题主要包括病毒木马侵袭和黑客恶意攻击两大类。

1. 病毒木马侵袭

(1) 计算机病毒

自从1946年第一台冯·诺依曼型计算机ENIAC出世以来,计算机已被应用到人类社会的各个领域。然而,1988年发生在美国的"蠕虫病毒"事件,给计算机技术的发展罩上了一层阴影。蠕虫病毒是由美国CORNELL大学研究生莫里斯编写的。虽然并无恶意,但在当时,"蠕虫"在Internet上大肆传染,使得数千台联网的计算机停止运行,并造成巨额损失,成为一时的舆论焦点。

所谓病毒,即计算机病毒,是指编制或者在计算机程序中插入的破坏计算机功能或者破坏数据,影响计算机使用并且能够自我复制的一组计算机指令或程序代码;计算机病毒不是天然存在的,是某些人利用计算机软、硬件所固有的脆弱性,编制具有特殊功能的程序。从广义上定义,凡能够引起计算机故障,破坏计算机数据的程序统称为计算机病毒。

由于计算机病毒可以像生物病毒一样进行繁殖,当正常程序运行的时候,它也进行自身复制,是否具有繁殖、感染的特征是判断某段程序为计算机病毒的首要条件。在单机上,病毒只能通过U盘、光盘等从一台计算机传播到另一台计算机,而在网络中,病毒则可通过网络通信机制迅速扩散,网络上的病毒将直接影响网络的工作状况,轻则降低速度,影响工作效率,重则造成网络瘫痪,破坏服务系统的资源,使多年工作成果毁于一旦。网络一旦感染了病毒,即使病毒已被清除,其潜在的危险也是巨大的。有研究表明,在病毒被消除后,85%的网络在30天内会被再次感染。蠕虫病毒就是利用网络进行复制和传播的,传染途径一般是通过网络和电子邮件。蠕虫(Worm)病毒是一种通过网络传播的恶意病毒,近几年危害比较大的病毒有"红色代码""尼姆达""求职信"以及国内著名的"熊猫烧香"等,它们通过电子邮件、网络共享、Web服务器、移动设备以及操作系统漏洞进行传播和扩散,并利用相关操作系统漏洞进行主动攻击,由于其传播速度相当快、影响面大,每一次病毒的爆发都会给全球经济造成巨大损失,因此,它的危害性是十分巨大的。

议一议:虔诚烧香的"熊猫"缘何"带毒"?

• **知识拓展:"熊猫烧香"病毒**

熊猫烧香是一种蠕虫病毒的变种,经过多次变种而来,由于中毒电脑的可执行文件会出现"熊猫烧香"图案,如图4.1所示,所以也被称为"熊猫烧香"病毒,它主要通过下载的文件传染。

2006年年底到2007年年初,"熊猫烧香"病毒不断入侵个人电脑、感染门户网站、击溃数据系统,同时,电脑还会出现蓝屏、频繁重启以及系统硬盘中数据文件被破坏等现象。在两个多月的时间里,数百万电脑用户受到影响,带来无法估量的损失。

图 4.1 "熊猫烧香"图案

那只憨态可掬、颔首敬香的"熊猫"除而不尽,成为人们噩梦般的记忆。其被《2006 年度中国大陆地区电脑病毒疫情和互联网安全报告》评为"毒王"。

"熊猫烧香"计算机病毒制造者及主要传播者李俊等 4 人,被湖北省仙桃市人民法院以破坏计算机信息系统罪判处 1~4 年不等有期徒刑,违法所得予以追缴,上缴国库。主犯李俊的那封道歉信说道:"熊猫走了,是结束吗?不是的,网络永远没有安全的时候,或许在不久,会有很多更厉害的病毒出来!所以我在这里提醒大家,提高网络安全意识,并不是你应该注意的,而是你必须懂得和去做的一些事情!"

病毒通过网络传播,常见通过邮件方式,病毒传播者将病毒放在电子邮件中寄给受害者,引诱受害者打开电子邮件中带病毒的.exe 文件而感染病毒,或者通过 P2P 共享或网页链接的方式,欺骗受害者打开病毒文件;我爱你(I Love You)病毒,又称情书或爱虫,就是通过 Outlook 电子邮件系统传播的病毒,邮件主题会变"I Love You",打开病毒附件后,就会自动传播,被感染的计算机会向邮件地址簿中的所有人发送包含病毒的电子邮件。利用人们对情书的好奇心,该病毒迅速传遍全球,造成了大范围的电子邮件阻塞和企业亿万美元的损失,它也是迄今为止发现的传染速度最快而且传染面积最广的计算机病毒。

(2)木马

因好莱坞大片《特洛伊》而一举成名的"木马"(Trojan),在互联网时代让无数网民深受其害。其是指隐藏在正常程序中的一段具有特殊功能的恶意代码,是具备破坏和删除文件、发送密码、记录键盘和攻击 DOS 等特殊功能的后门程序。木马程序表面上是无害的,甚至对没有警戒的用户还颇有吸引力,它们经常隐藏在游戏或图形软件中,但它们却隐藏着恶意。无论是"网购""网银"还是"网游"的账户密码,只要与钱有关的网络交易,都是当下木马攻击的重灾区,用户稍有不慎,极有可能遭受重大钱财损失甚至隐私被窃。其特性表现在:

①隐蔽性，将自己伪装成合法应用程序，使得用户难以识别，这是木马病毒的首要也是重要的特征。

②潜伏性，木马病毒隐蔽的主要手段是欺骗，经常使用伪装的手段将自己合法化。例如，使用合法的文件类型后缀名 dll、sys、ini 等；使用已有的合法系统文件名，然后保存在其他文件目录中；使用容易混淆的字符进行命名，例如字母"o"与数字"0"，数字"1"与字母"i"。

③再生性，为了保障自己可以不断蔓延，往往像毒瘤一样驻留在被感染的计算机中，有多份备份文件存在，一旦主文件被删除，便可以马上恢复。尤其是采用文件的关联技术，只要被关联的程序被执行，木马病毒便被执行，并生产新的木马程序，甚至变种。顽固的木马病毒给木马清除带来巨大的困难。

完整的木马程序一般由两部分组成：一个是服务器端，一个是控制器端。控制端安装在攻击者的控制台，负责远程遥控指挥；服务器端，即木马程序，以图片、电子邮件、一般应用程序等伪装，让用户下载，自动安装后，隐蔽地安装在被攻击者的主机上。相当于在你的电脑上开个"后门"，使拥有控制器的人可以随意出入你的电脑存取文件，操纵你的电脑，监控你所有操作，窃取你的资料。其传播途径包括利用操作系统漏洞、浏览器漏洞或浏览器插件漏洞远程植入；通过 QQ、MSN 等通信软件发送恶意网址链接或木马病毒文件；或者伪装成多媒体影音文件、程序来诱骗网民下载等。2012 年 12 月，一款名为"支付大盗"的新型网购木马被发现。木马网站利用百度排名机制伪装为"阿里旺旺官网"，诱骗网友下载运行木马，再暗中劫持受害者网上支付资金，把付款对象篡改为黑客账户。

很多重大的木马、病毒的始发地都是 U 盘，尤其是公共场所，比如网吧、学校机房、打印复印店等，U 盘已经成为除了网络传播外，木马、病毒的主要的离线传播途径。一般情况下，U 盘内都存储着用户重要的数据文件，如果 U 盘不小心中了木马病毒，用户信息就会被盗取。如果感染了木马病毒的 U 盘插上计算机，那么，该计算机也会被感染；病毒运行后，自我复制到系统盘根目录下，通过修改注册表，实现开机自启。侦听黑客指令，盗取被感染计算机上的机密信息（例如，用户名和密码、剪贴板数据等），并将盗取的信息保存在黑客指定的文件里。

2. 黑客恶意攻击

黑客，源自英文 hacker，最初指精通计算机技术，善于从互联网中发现漏洞并提出改进措施的人。今天，黑客一词已被用于泛指那些通过互联网非法侵入他人的计算机系统，并查看、更改、窃取保密数据或干扰计算机程序的人，常见的黑客行为包括盗窃资料、攻击网站、进行恶作剧、告知漏洞、获取目标主机系统的非法访问权等。由于因特网上黑客站点随处可见，黑客工具可以任意下载，也因此对网络安全造成了极大的威胁。常见攻击方式有：

(1) 利用系统漏洞进行攻击

任何一种软件、一种操作系统都可能会因为系统管理员配置错误或程序设计中的一个缺陷等原因而存在漏洞，这些漏洞在补丁未被开发出来之前一般很难防御黑客的破坏，除非拔掉网线。比如，缓冲区溢出是一种非常普遍、非常危险的漏洞，在各种操作系统、应用软件中广泛存在。利用缓冲区溢出攻击，可以导致程序运行失败、系统宕机、重新启动等后果。更为严重的是，可以利用它执行非授权指令，还可以取得计算机的控制权甚至是最高权限，进而进行各种非法操作。国家计算机病毒应急处理中心于 2004 年 5 月 1 日发现一种利用微软公布的 LSASS 漏洞的新蠕虫病毒，将其命名为"震荡波"蠕虫病毒。感染了病毒的电脑会出现系统反复重启、机器运行缓慢、出现系统异常的出错框等现象。病毒在网络上自动搜索系统有漏洞的电脑，并直接引导这些电脑下载病毒文件并执行，因此，整个传播和发作过程不需要人为干预。如果不给系统打上相应的漏洞补丁，电脑只要接入互联网，就有可能被该病毒感染。第 49 次《中国互联网络发展状况统计报告》显示，2021 年，工业和信息化部网络安全威胁和漏洞信息共享平台收集整理信息系统安全漏洞 143 319 个。其中，高危漏洞 40 498 个，中危漏洞 86 217 个。利用系统漏洞进行攻击如图 4.2 所示。

图 4.2　利用系统漏洞进行攻击

由于系统漏洞很容易被初学者所掌握，因而利用系统本身的漏洞进行入侵、攻击，成为黑客最普遍的一种攻击手法，利用系统漏洞进行攻击容易得逞，更多的原因是网络管理员安全意识不够，没有及时对系统漏洞进行修补。

(2)利用后门程序进行攻击

后门程序一般是指那些绕过安全性控制而获取对程序或系统访问权的程序方法。后门程序可能隐藏在下载的信息中,只要登录或者下载网络上的信息,就会被其控制,计算机中的所有信息都会被自动盗走,该软件会长期存在于你的计算机中,操作者并不知情。特洛伊木马就是后门程序的最好范例,它通过伪造合法的程序,偷偷侵入用户系统,从而获得系统的控制权,木马程序会根据命令在目标计算机上执行一些操作,如传送或删除文件、窃取口令、重新启动计算机等。还有一种是程序后门,一些软件在编写设计之初,为了方便后期的修改,就在某些模块处设计了一个后门,也就是一个秘密的程序入口,这样就能借助这个入口进行测试、更改,如果因疏忽或者其他原因后门没有去掉,被黑客发现后,他们就会进入系统并发动攻击。大部分的黑客入侵网络事件就是由系统的"漏洞"和"后门"所造成的。Back Orifice 就是一款非常著名的黑客程序,由黑客组织 Cult of deal cow 所开发。Back Orifice 利用了微软系统的内部后门程序,来控制另外一台电脑的运行。在没有防火墙软件的情况下,Back Orifice 可以检测到用户密码,并记录用户按键情形,以盗取用户的个人信息。Back Orifice 是史上第一个后门,它使人们开始意识到后门存在的可能性。

最著名的后门程序应该是微软的 Windows Update。Windows Update 的动作不外乎以下三个:开机时自动连上微软的网站,将电脑的现况报告给网站以进行处理,网站通过 Windows Update 程序通知使用者是否有必须更新的文件,以及如何更新。如果我们针对这些动作进行分析,则"开机时自动连上微软网站"的动作就是后门程序特性中的"潜伏",而"将电脑现况报告"的动作是"搜集信息"。因此,虽然微软"信誓旦旦"地说它不会搜集个人电脑中的信息,但如果我们从 Windows Update 来进行分析的话,就会发现它必须搜集个人电脑的信息才能进行操作,所差者只是搜集了哪些信息而已。

议一议:展望"棱镜门",你想到了什么?

- 知识拓展:"棱镜门"事件

2013 年 6 月,前中情局(CIA)职员爱德华·斯诺顿揭露美国国家安全局的"棱镜"窃听计划,即美国安全局和联邦调查局于 2007 年启动了一个代号为"棱镜"的秘密监控项目,直接进入美国网际网络公司的中心服务器里挖掘数据、收集情报,通过网络实现对全球舆情的监控,包括微软、雅虎、谷歌、苹果等在内的 9 家网际网络巨头都参与其中。消息公布之后,世界舆论随之哗然,引发全球对"棱镜门"事件的思考。

> "棱镜门"事件为我们敲响了警钟，新技术发展给我国带来新的信息安全隐患，让我们重新审视我国信息安全的相关能力。解构"棱镜门"，让我们认清自身存在的问题：过分依赖国外电子及信息技术产品，缺乏核心技术及独立知识产权，我国电子信息产业自主创新能力亟待提高。展望"棱镜门"，让我们倍感忧虑：新技术、新应用带来新风险。你想到了什么？

（3）密码破解攻击

密码，我们每天都会用到，从访问电子邮件、登录网上账户，到访问智能手机，是大部分用户保障信息安全的一项关键措施，其重要性不言而喻；密码及个人重要信息依然是黑客要攻击的重要对象，一旦用户密码被攻破，将会造成不可挽回的损失。密码破解具体指的是从现有数据中获取密码的过程，大多数获取密码的方法是反复猜测或利用计算机系统中的安全漏洞。常见密码破解方式有以下几种。

第一种是暴力穷举。也叫密码穷举，就是利用软件，通过将键盘上的字母、数字和符号进行不同的组合来尝试是否符合该账号的密码。如果黑客事先知道用户账户，一旦用户设置的密码过于简单（例如简单的数字或字母组合），黑客利用暴力穷举工具在短时间内就可以将密码破解出来。根据研究表明，常用且容易被猜到的密码组合包括：12345、111111、123321 等简易的数字组合；ASDFGHJKL、1werr4iop 等简易的字母组合。而且，在所有的密码中，"password"依然是比较受欢迎的，有近百万人使用。

第二种是击键记录。当用户设置的密码较为复杂时，那么就难以使用暴力穷举的方式破解，此时，黑客往往通过给用户计算机安装木马或病毒程序，来记录和监听用户的击键操作，黑客只需分析用户击键信息，即可破解出用户的密码。2010 年 10 月，美国的银行在一次黑客攻击中损失了超过 1 200 万美元，黑客利用名为 Zeus 的木马记录下了用户敲击键盘的动作，从而盗取了取款密码。

第三种是屏幕记录。为了防止击键记录工具，用户还经常采用鼠标和屏幕键盘录入密码，针对这种情况，黑客可以通过木马程序截取目标计算机的屏幕记录，通过记录鼠标位置对比截屏的图片，来破解用户密码。

第四种就是网络监听。在局域网上，黑客要想迅速获得大量的账号（包括用户名和密码），最为有效的手段就是网络监听，比如使用 Sniffer 程序，使用这种工具可以监视、截获网络的状态、数据流动情况以及网络上传输的信息，从而获得其所在网段的用户账号及密码。

还有一种常见的密码破解方式就是撞库。所谓撞库，是指黑客通过收集互联网已泄露的用户和密码信息，之后在目标网站上尝试批量登录，撞运气，试出一批可以登录的用户名和密码。如果用户图省事在多个网站设置了同样的用户名和密码，黑客很容易就会通过已掌握的信息登录到这些网站，从而获得用户的相关信息，如手机号码、身份证号码、家庭住址、支付宝及网银信息等，进而有更多的获利空间，如诈骗、盗用、信息被多次交易买卖等。严重时，还可能会导致财产和生命安全。

因大部分的用户安全意识较为薄弱，并且为了记忆方便，使用统一的用户名和密码，但这就相当于给自己打造了一把"万能"钥匙，一旦泄露，则可能导致累及其他账户或其他用户。撞库无论是对普通用户还是对其他服务提供商来说，伤害都是可怕的。比如，2014年3月，一名网络书城的负责人的支付宝被撞库，损失32万元。关键原因是他的支付宝账号、密码和登录一些中小论坛的相同，而他在中小论坛的账号、密码很可能泄露，从而遭遇撞库，导致支付宝账号、密码被盗取。第49次《中国互联网络发展状况统计报告》显示，截至2021年12月，遭遇个人信息泄露的网民比例最高，为22.1%；遭遇网络诈骗的网民比例为16.6%；遭遇设备中病毒或木马的网民比例为9.1%；遭遇账号或密码被盗的网民比例为6.6%。

随着移动互联网、物联网的高度融合，涉及个人信息泄露的事件可能还会更多，所以说，防止撞库，是一场需要用户一同参与的持久战。

想一想：被撞库了怎么办？

> 提及"撞库"，就不能不说"脱裤"和"洗库"。在黑客术语里面，"拖库"是指黑客入侵有价值的网络站点，把注册用户的资料数据库全部盗走的行为，因为谐音，也经常被称作"脱裤"。在取得大量的用户数据之后，黑客会通过一系列的技术手段和黑色产业链将有价值的用户数据变现，这通常也被称作"洗库"。比如售卖用户账号中的虚拟货币、游戏账号、装备等变现，也就是俗称的"盗号"；对于金融类账号，比如支付宝、财付通、网银、信用卡、股票的账号和密码等，用来进行金融犯罪和诈骗；对于一些比较特殊的用户信息，如学生、打工者、老板等，则会通过发送广告、垃圾短信、电商营销等方式变相获利；将有价值的用户信息直接出售给第三方，如网店经营者和广告投放公司等，比如黑客利用获取的12306账户信息做铁路购票、退票、专卖信息等。因为很多用户喜欢使用统一的用户名和密码，"撞库"可以使黑客收获颇丰。
>
> 那么，作为普通用户，如果被撞库了，该怎么办？

(4)分布式拒绝服务攻击

在直接入侵目标服务器无法得逞时,攻击者将多个计算机联合起来作为攻击平台,对一个或者多个目标发送大量超负载的信息,导致服务器繁忙而无法做出响应,合法的用户不能及时得到服务或者系统资源,表现为中断正常的网络通信、破坏用户之间的连接、阻止某些用户访问服务,甚至破坏系统服务器,其本质就是消耗用户和服务器的时间,降低工作效率,甚至拖垮服务器,这就是分布式拒绝服务(Distributed Denial of Service,DDoS)攻击。第49次《中国互联网络发展状况统计报告》显示,2021年,中国电信、中国移动和中国联通总计监测发现分布式拒绝服务攻击753 018起。分布式拒绝服务攻击是一种破坏性的主动攻击,是互联网用户面临的最常见、影响较大的网络安全威胁之一。其具有攻击成本低、攻击效果明显等特点,攻击方式如图4.3所示。

图4.3 分布式拒绝服务(DDoS)攻击

通过分析CNCERT对2020年上半年我国互联网在DDoS攻击方面的监测数据(抽样)发现,我国每日峰值流量超过10 Gb/s的大流量DDoS攻击事件数量与2019年基本持平,约220起。由网页DDoS攻击平台发起的DDoS攻击事件数量最多,同比2019年上半年增加32.2%。2019年10月23日,亚马逊AWS DNS服务受到了DDoS攻击,恶意攻击者向系统发送大量垃圾流量,致使服务长时间受到影响,攻击方式如图4.4所示。被控"肉鸡"发起大量的查询,数量巨大,递归服务器收到大量肉鸡发送的针对亚马逊不存在域名的查询,最终查询的流量都被转发到AWS权威DNS。这一过程中,递归DNS的资源同时遭到了大量的消耗。

亚马逊权威DNS遭受到海量的查询数据,资源耗尽,无法正常响应,导致DNS服务彻底瘫痪。事件发生后,域名国家工程研究中心(ZDNS)专家团队对本次攻击进行了初步分析,发现此次针对AWS DNS的攻击的源数量庞大、IP分散、攻击强度大。

图 4.4　亚马逊 AWS DNS 服务受到的 DDoS 攻击

域名系统作为互联网关键基础设施，是互联网访问的入口、流量的航向标，遭受攻击的影响广泛，受攻击者将在互联网消失，攻击收益高。近年来，面向网络基础设施发起的攻击增长迅猛，而针对 DNS 发起的 DDoS 攻击就占据了其中 50% 以上，DNS 的安全威胁日趋严峻。一方面，由于 DNS 协议本身的脆弱性，易遭受攻击，攻击成本低，攻击方式多；另一方面，域名服务故障通常会造成大面积的网络中断，严重程度远大于单个应用系统故障。因此，应重视并加强 DNS 系统安全，打造安全 DNS 刻不容缓。

(5) 社会工程学攻击

随着越来越多网络硬件设备和安全软件的引入，以及网络安全解决方案的不断完备，单纯地使用技术手段完成入侵的难度大大增加。在巨大的商业价值等因素的驱动下，黑客们开始以人作为突破口，通过交谈、欺骗、假冒或伪装等方式，从合法用户那里套取用户的敏感信息，比如系统配置、密码或其他有助于进一步攻击的有用信息，然后再利用此类信息结合黑客技术进行各种渗透和攻击。这个过程被称为"社会工程学"，这是一种通过对受害者心理弱点、本能反应、好奇心、信任、贪婪等心理陷阱进行诸如欺骗、伤害等危害手段，取得自身利益的手法。

当前，网民最常遭遇的网络诈骗方式有虚拟中奖信息诈骗、冒充好友诈骗、钓鱼网站诈骗等。以钓鱼网站为例，作为社会工程学攻击的一种常见方式，钓鱼者经常会利用目标 Web 网站的漏洞来获得权限，诱使用户进行转发重要文件、单击恶意链接或打开隐藏病毒的附件等操作，或诱导用户登录仿冒的网页，如银行或理财的网页，输入信用卡或银行卡号码、账户名称及密码等信息。这些信息会被钓鱼者获取，如图 4.5 所示。

图 4.5 钓鱼网站

网络钓鱼和网络欺诈传播途径除了信任度高、交互性强的微博、微信平台以外，甚至通过在特定上班途中故意丢弃 U 盘、移动硬盘、手机充电宝等设备，诱使员工捡到并使用。恶意充电宝在充电过程中，不论你的手机是否越狱、Root，黑客都可以轻易地读取手机中的通讯录、照片、短信、账号密码等信息。

问一问：如图 4.6 所示，这样的邮件你们看到过吗？你会怎么办？

图 4.6 钓鱼邮件

当前，企业数字化转型正全面提速，大量黑客利用技术手段对企业敏感数据实施攻击与破坏，导致安全事件频频发生。向内看，信息泄露、谣言传播等现象加深个人信息的安全担忧，虚假信息、不良信息影响国家社会和谐稳定；向外看，网络安全威胁和风险日益突出，并日益向政治、经济、文化、社会、生态、国防等领域传导渗透，网络安全防控能力薄弱，难以有效应对国家级、有组织的高强度网络攻击。网络安全已逐渐发展成为互联网领域的突出问题之一，严重影响了个人安全、社会安全乃至国家安全，可以说，网络安全事关国家长治久安，事关经济社会发展和人民群众福祉，成为信息时代国家安全的战略基石。

党的十八大以来，以习近平同志为核心的党中央从进行具有许多新的历史特点的伟大斗争出发，重视互联网、发展互联网、治理互联网，深刻把握信息化发展大势，高度关注网络安全挑战。2017年6月1日，我国第一部网络安全的专门性立法——《中华人民共和国网络安全法》正式实施，内容共7章79条，具有六大突出亮点：一是明确了网络空间主权的原则；二是明确了网络产品和服务提供者的安全义务；三是明确了网络运营者的安全义务；四是进一步完善了个人信息保护规则；五是建立了关键信息基础设施安全保护制度；六是确立了关键信息基础设施重要数据跨境传输的规则。

《中华人民共和国网络安全法》是我国网络安全领域的基本大法，对什么是网络安全给出了明确解释：指通过采取必要措施，防范对网络的攻击、入侵、干扰破坏和非法使用以及意外事故，使网络处于稳定、可靠运行的状态，以及保障网络存储、传输、处理信息的完整性、保密性、可用性的能力。它对确立国家网络安全基本管理制度具有里程碑式的重要意义，能够有效提高全社会的网络安全意识和网络安全保障水平，使我们的网络更加安全、更加开放、更加便利，也更加充满活力。

 动一动：查阅《中华人民共和国网络安全法》，谈谈你的认识。

国家主席习近平指出："网络安全为人民，网络安全靠人民，维护网络安全是全社会共同责任，需要政府、企业、社会组织、广大网民共同参与，共筑网络安全防线。"面对当前及将来网络安全威胁，从个人层面看，应该充分认识到当前网络信息安全的严峻形势，努力学习网络安全知识，增强网络信息安全防范意识，养成网络安全防护的良好习惯，加强个人网络信息安全防护措施。从企业层面看，不仅需要采取相应的网络安全防护措施，积极利用人工智能、大数据等新技术，提升网络安全态势感知能力，比如数据的异地加密备份、升级安全防御机制和体系等，还需要把网络安全提升到管理的高度上实施，然后落实到技术层次，"三分技术、七分管理"，构建一个健全的网络安全管理体系。

4.2 网络安全意识

2021年10月，以"网络安全为人民，网络安全靠人民"为主题的2021年国家网络安全宣传周在全国范围内展开。习近平总书记强调，"举办网络安全宣传周、提升全民网络安全意识和技能，是国家网络安全工作的重要内容。"拥有网络安全意识是保证网络安全的重要前提，许多网络安全事件的发生都和缺乏安全防范意识有关。

所谓网络安全意识，是指人在网络空间活动中所具备的安全意识，以及遭遇不安全因素时所表现出的应对能力。提升网络安全意识，于个人而言，可以有效避免网络不安全因素的侵害；于社会而言，可以有效降低网络安全事件的发生；于国家而言，加强网络安全教育、增强全民网络安全意识是网络安全国家战略的重要内容。当前，网络安全意识可归类为关注信息甄别、自我防范意识和网络行为规范三个方面。

1. 关注信息甄别

信息甄别，一方面指在不同环境下对个人信息披露的真实程度和尺度的把控能力；另一方面是指在芜杂泛滥的网络信息中过滤垃圾信息、虚假信息和有害信息，筛选有价值的信息的能力。数字化信息时代，人人都是通信员，个个都是记者，网民可以通过帖文、微博等形式在网络上自由发布信息。而网络的匿名性又使得发布网络虚假信息承担责任的风险降低，在一定的利益动机和社会心理机制作用下，一些平台用户试图发布虚假信息及低俗内容，以谋取各种利益。甚至发布各种暴力、色情、凶杀等相关不良信息，由于这类信息和内容往往流传甚快甚广，使得社会原有的甄别及防范机制难以及时做出反应。因此，没有一定的信息甄别能力和思想信仰，就很容易受到网络不良思想的诱导，轻则影响身心健康，重则造成爱国主义意识丧失、民族观念动摇，造成不可挽回的后果。比如新闻消息，应该从正规权威网站或官方网站查看。

> **想一想**：阅读以下两段材料，你会怎么做？
>
> （1）某天手机收到短信："您的朋友13×××××××为您点播了一首歌曲，以此表达他的思念和祝福，请您拨打9×××收听。"
>
> （2）某日QQ收到留言："尊敬的QQ用户您好！恭喜您被《腾讯网络科技有限公司》后台系统抽取为2007年幸运用户，您将获得由本公司送出惊喜奖金28 000元，以及诺基亚公司赞助的N80时尚手机一部。请您联系颁奖QQ：3483741领取。"

2. 自我防范意识

近年来，网络诈骗、钓鱼邮件、撞库攻击、隐私泄露等网络安全问题频发，用户私人信息和机密信息被非法窃取，给许多人造成了不小的经济损失，当然，也给生活带来了许多不必要的烦恼。作为普通用户，网络安全从良好的意识习惯开始，自我防范意识的养成，可以有效规避绝大多数的网络安全事件。

(1) 个人敏感信息的保护意识

随着信息化与经济社会的深度融合，利用个人信息侵扰群众生活的现象屡见不鲜，由此滋生的电信诈骗等各类违法犯罪活动越演越烈，个人信息泄露已成为网民遭遇最多的网络安全问题，加强敏感个人信息保护，提高自我防范意识势在必行。比如，在使用微博、QQ空间、贴吧、论坛等社交软件时，尽可能避免透露或标注真实身份信息，以防不法分子盗取个人信息；在朋友圈晒照片时，不晒包含个人信息的照片，如要晒姓名、身份证号、二维码等与个人信息有关的照片时，在发之前先进行模糊处理，防止社会工程学攻击。

议一议：个人信息保护法正式实施的深远意义是什么？

- **知识拓展：个人信息保护法**

《中华人民共和国个人信息保护法》于 2021 年 11 月 1 日起施行。与《民法典》《网络安全法》《数据安全法》《电子商务法》《消费者权益保护法》等法律共同编织成一张消费者个人信息"保护网"。

作为第一部专门保护个人信息保护的法律，《个人信息保护法》将自然人姓名、出生日期、身份证件号码、生物识别信息、住址、电话号码、电子邮箱、健康信息、行踪信息等全面纳入保护范围，为信息处理者的合规工作提供了明确的方向性指导。

针对 APP 过度收集个人信息、公共场所安装摄像头和人脸识别设备等个人信息保护中的热点、难点问题，《个人信息保护法》给出回应：处理个人信息应当具有明确、合理的目的，并应当与处理目的直接相关，采取对个人权益影响最小的方式；在公共场所安装图像采集、个人身份识别设备，应设置显著的提示标识；所收集的个人图像、身份识别信息只能用于维护公共安全的目的。同时，完善了个人信息保护投诉、举报工作机制等，充分回应了社会关切，为破解个人信息保护中的热点、难点问题提供了强有力的法律保障。

针对越来越多的企业利用大数据分析、评估消费者个人特征用于商业营销的"大数据杀熟"问题，《个人信息保护法》给予明确禁止，规定个人信息处理者利用个人信息进行自动化决策，不得对个人在交易价格等交易条件上实行不合理的差别待遇。

我国《个人信息保护法》以现实问题为导向，以法律体系为根基，统筹既有法律法规，体察民众诉求和时代需求，将之挖掘、提炼、表达为具体可感、周密翔实的法律规则，将广大人民群众网络空间合法权益维护好、保障好、发展好，使广大人民群众在数字经济发展中享受更多的获得感、幸福感、安全感，促进数字经济发展。

(2) 良好的软硬件使用习惯

为了窃取用户信息，黑客经常把恶意代码或流氓软件等伪装成正常软件，把木马植入正常软件中，打着免费、破解的旗号，欺骗用户下载，用户一旦下载、安装，就会"引狼入室"。因此，应尽量从软件官网或安全可靠的平台下载软件，手机端的 APP 软件在申请权限时应谨慎放行，一旦发现恶意扣费、广告骚扰等异常情况，应及时卸载相关 APP 软件，必要时可将移动终端恢复至出产设置。同时，做好自我防护措施，比如，对个人使用的手机和电脑进行安全设置，定时打好补丁，及时更新病毒库，杀毒软件可以识别部分恶意代码并拦截告警；最后，对于重要数据，一定要做好数据备份，否则会导致灾难性的后果。

对于普通家庭来说，通过使用无线宽带路由器接入互联网，由于成本原因，设备的安全性能通常较低，较容易发现安全漏洞，黑客可以利用漏洞直接获取路由器设备的最高权限。如果设备默认开放或用户主动开放路由器设备的远程 Web 管理功能，黑客还可以通过暴力破解、万能密码等手段获取路由器的 Web 管理权限，进而通过固件更新等方式植入后门，一旦路由器被控制，用户所有的网络数据几乎都是"透明的"，对连上路由器的电脑、手机等终端设备实施攻击也就变得非常容易了。因此，不但要定期更改密码，还要关闭路由器设备的远程 Web 管理功能。

动一动：无线路由器改密码。

操作步骤：

使用无线路由器时，涉及的密码有三个：无线密码、路由器管理密码、宽带密码，各密码的作用如图 4.7 所示。

图 4.7　密码的作用

①以某无线路由器为例，按照图 4.8 所示连接相关设备，并查看记录路由器底部标贴上的出厂无线信号名称以及管理地址。

图 4.8 连接无线路由器

②线路连接完成后,打开 IE、Google、火狐、360 等浏览器,清空地址栏并输入标贴上查看到的管理地址。若路由器是出厂后第一次设置,则弹出的页面提示设置一个路由器的管理员密码,若弹出的页面提示输入管理员密码,表示之前已经设置过,输入密码,单击"确定"按钮。如果忘记密码,可按路由器上的复位键恢复出厂设置,再重新设置。路由器复位键有两种类型:RESET 按钮和 RESET 小孔,如图 4.9 所示。

RESET按钮　　　　　RESET小孔

图 4.9 路由器复位键

③成功登录后,路由器会自动检测上网方式。若检测到上网方式为宽带拨号上网,则需要输入运营商提供的宽带账号和密码,输入完成后,单击"下一步"按钮进行设置。若上网方式检测为自动获取 IP 上网,则直接单击"下一步"按钮,无须更改上网方式。

④接上来就是设置路由器的无线名称和无线密码,设置完成后,单击"完成"按钮即可保存配置。无线密码是无线终端(手机、笔记本)连接无线信号时需要输入的密码。

⑤在路由器管理界面,可以查看修改无线密码、设置宽带连接等,还可以在"路由设置"中修改管理员密码,只要输入原有登录密码,设置新的管理密码即可。或者在"系统工具"中修改登录口令。根据页面提示设置完成后,单击"保存"按钮,即可完成管理密码的修改。

（3）良好的互联网应用习惯

即便处处小心，我们的个人信息依然可能被泄露出去，比如，攻击者伪造身份向用户发送"钓鱼"链接或恶意代码，一旦用户误点链接或打开带有恶意代码的附件，用户计算机就可能感染病毒或植入木马。良好的互联网及软件应用习惯是网络安全自我防范的基础。

为了防范源自互联网应用的安全威胁，首先，不访问危险网站，不随意在不明网站或APP上进行实名认证注册，网络支付时，检查网站是否正规合法，谨防钓鱼网站。其次，不在公共网络环境中处理个人敏感信息，不随意接入开放的Wi-Fi，不随意扫描和单击来路不明的二维码和链接。最后，无论是从互联网上搜索和下载资料，还是收取邮件、通过移动存储（U盘、移动硬盘等）复制资料、借由QQ等即时通信工具传数据等，只要有新文件从非本机进入电脑，都必须注意文件资料的安全性；并且在收取邮件的时候，还要尽量利用邮箱工具提供的反垃圾邮件工具，注意仔细分辨有害邮件。有了良好的网络安全意识和使用习惯，再结合可以信赖的安全软件，就可以尽量将安全隐患降低到最小。

 问一问：请自查有哪些不良网络使用习惯。

（4）良好的密码使用习惯

从访问电子邮件、登录网上账户，到打开智能手机，大部分计算机系统和网络服务都毫不例外地利用密码来保护自身的安全，可以说，密码是保护账户的最后一道防线。导致用户账号密码泄露，大部分是因为缺少网络安全保护意识、自我防范意识。良好的密码使用习惯是用户自我保护、自我防范的体现。

安全的密码应该长度在16位以上，并且密码中包含有大写字母、小写字母、数字和特殊字符，为防止被黑客通过键盘记录器、网络监听等多种攻击工具截获，用户需要定期更换自己的密码，甚至使用动态密码；尽量不要在各种网络应用之间使用相同的密码，这样可以最大限度规避攻击者的"撞库"攻击。尽量不要在电脑或手机上记录重要密码，最好抄写在本子上放在家中。

（5）利用法律武器维权的意识

当个人利益受到损害，个人财产遭受损失时，要善于利用法律武器维护自己的合法权益。遭受网络犯罪行为侵害时，首先，要保持冷静，在做好取证、留证工作的同时，第一时间报警；其次，及时联系相关互联网企业采取补救措施，及时止损。

3. 网络行为规范

身处互联网时代，几乎人人都离不开网络，人人都是网民。网络的隐匿性、虚拟性使网民容易规避现实社会的约束而成为网络的破坏者。轻者表现为发泄不满、肆意谩骂、散布谣言等，重者就是网络犯罪了，主要指行为主体通过非法操作计算机网络，实施侵害计算机系统以及其他危害社会的、应当受刑法处罚的行为，包括利用网络危害国家安全（如破坏团结安定、间谍情报等）、侵犯公民人身权利（如侮辱诽谤、人肉搜索等）、侵占财产（如电子盗窃、网络诈骗）等、侵害计算机系统（如攻击网站、传播病毒等），以及进行色情传播或赌博等活动。这些不规范的网络行为，明显违背了社会的道德或者法律，严重影响了个人安全、社会安全乃至国家安全。

面对纷繁复杂的网络信息，我们更应争做中国好网民，净化网络空间，抵制危害网络健康和安全的"病毒"，还网络世界一片"湛蓝天空"。

首先，应该从认知与思辨开始。保持客观、理性的思辨状态，具备良知，拥有底线，面对新闻热点，慎重转发，客观评论，真实点赞；拥有独立判断的价值取向，坚持自我，不受诱惑，面对公共事件，不人云亦云，不迷恋"大V"，不迷信"专家"。理性上网、文明上网，是中国好网民的"标配"。

其次，要脚踏实地，勇于实践，用自己的一点一滴的行动使互联网真正成为共建共享的精神家园，要做弘扬正气的"好网民"。应该有民族的情怀，做我们国家的衷心热爱者；应该有守法观念，做网络秩序的自觉维护者。

最后，面对网络，要有正确的价值追求，不做低头刷微博和朋友圈的"低头族"，不做在网游的世界里"练级"的"网虫"，不被网络"绑架"。应该有责任担当，做主流价值观的积极传播者；应该有社会良知，做低级趣味的坚决抵制者。

在网络空间做一名合格的网民。要成为一名好网民，既有高度的网络安全意识、必备的防护技能，还要有文明的网络素养、守法的行为习惯，需要传递网络正能量，共创清朗网络空间，这也是做中国好公民的一种延伸。《中华人民共和国网络安全法》明确禁止了八类活动、七类行为，规范用户的网络行为，可以有效利用互联网上的资源，保证网络安全。

①任何个人和组织不得利用网络从事以下八类活动：

一是危害国家安全、荣誉和利益；

二是煽动颠覆国家政权、推翻社会主义制度；

三是煽动分裂国家、破坏国家统一；

四是宣扬恐怖主义、极端主义；

五是宣扬民族仇恨、民族歧视；

六是传播暴力、淫秽、色情信息；

七是编造、传播虚假信息扰乱经济秩序和社会秩序；

八是侵害他人名誉、隐私、知识产权和其他合法权益等活动。

②以下七种行为都是法律明确禁止的：

一是非法侵入他人网络、干扰他人网络正常功能、窃取网络数据等危害网络安全的活动；

二是提供专门用于从事侵入网络、干扰网络正常功能及防护措施、窃取网络数据等危害网络安全活动的程序、工具；

三是明知他人从事危害网络安全的活动，却仍为其提供技术支持、广告推广、支付结算等帮助；

四是窃取或者以其他非法方式获取个人信息，非法出售或者非法向他人提供个人信息；

五是设立用于实施诈骗，传授犯罪方法，制作或者销售违禁物品、管制物品等违法犯罪活动的网站、通信群组；

六是利用网络发布涉及实施诈骗，制作或者销售违禁物品、管制物品以及其他违法犯罪活动的信息；

七是发送的电子信息、提供的应用软件，设置恶意程序，含有法律、行政法规禁止发布或者传输的信息。

议一议：大学生应该怎样规范自己的行为？

> **• 知识拓展：大学生网络行为规范**
>
> 大学生网络行为规范有法律规范、纪律规范和道德规范。大学生除了自觉遵守网络行为规范，还应充分发挥网络行为规范的示范效应，引导和影响身边的网民。
>
> 第一，合法：网络行为的法律规范。
>
> 当前大学生网络主体需要了解的我国网络法律规范主要有《中华人民共和国计算机信息网络国际联网管理暂行规定》《全国人民代表大会常务委员会关于维护互联网安全的决定》《互联网信息服务管理办法》《互联网电子公告服务管理规定》《互联网站从事登载新闻业务管理暂行规定》《中国互联网络域名注册暂行管理办法》《中国互联网络域名注册实施细则》《中华人民共和国电信条例》等。
>
> 第二，遵纪：网络行为的纪律制度规范。
>
> 大学生应该遵循的网络行为纪律主要有：遵守上网场所的有关规定；遵守公共场所的文明规范；不得大声喧哗、吵闹影响安静有序的上网环境；听从网络管理人员的规劝和管理；服从国家关于网络法律法规的规范制约，维护网络安全和网络游戏秩序。

第三,守德:网络行为的道德伦理规范。

为社会和人类做出贡献;避免伤害他人;要诚实可靠;要公正并且不采取歧视性行为;尊重包括版权和专利在内的财产权;尊重知识产权;尊重他人的隐私;保守秘密。我国应该根据原有的道德体系尽快制定网络行为的道德规范,倡导诚心、合理、文明、高尚的网络行为风气。

4.3 网络安全防护

目前比较成熟并广泛应用的网络安全防护措施有防病毒技术、防火墙技术、入侵检测技术、数据加密技术等。

1. 防病毒技术

作为一种常见的网络安全防护措施，防病毒技术主要是针对网络安全运行的应用软件，注重网络防病毒，一旦病毒入侵网络或通过网络侵染其他资源终端，防病毒软件会立刻进行检测删除，并阻止操作，防止其行为的进行，减少侵染区域，保护信息资源安全。目前，在防病毒技术上，最重要的就是"防杀结合，防范为主"。用户要想知道自己的计算机是否感染病毒，最简单易行的方法就是使用杀毒软件对磁盘进行全面的检测。如果要想检测出最新的病毒，则必须保证自己使用的杀毒软件的病毒码得到了及时的更新（也就是使用最新版的杀毒软件并及时升级）。定期查杀可以及时发现有可疑的文件、系统漏洞，在对目标文件进行杀毒的同时，可以通过安装系统补丁来有效保护计算机安全。如果手头没有反病毒软件，也可以根据计算机中毒后所引起的系统异常症状来做出初步的判断。

①计算机系统运行速度明显减慢或经常无故死机。绝大部分的病毒是要驻留内存的，会占用系统执行正常命令的时间和部分资源，会造成系统的运行速度减慢，甚至系统无故死机，因此，若非 CPU 故障、显卡过热等硬件原因，就应该考虑计算机是否感染病毒了。

②计算机系统异常重启或者频繁出现非法错误。在使用计算机的过程中，毫无征兆发生出现非法错误信息或重新启动现象，很有可能是病毒在发作。此时用户就应该注意了。

③磁盘莫名其妙出现坏簇或特殊标签，系统无法正常引导磁盘。病毒为了隐藏自己，常常会把自身占用的磁盘空间标志为坏簇，或者用一个自己的特殊标记给自己感染过的磁盘做上标签，有时还会修改磁盘的卷标名；有的病毒寄生在磁盘的引导区内，会覆盖掉引导区的部分代码，因此，系统就不能正常地引导磁盘。

④磁盘空间迅速减少，丢失文件或文件被修改破坏。没有安装新的应用程序，而系统可用的磁盘空间减少得很快，可能是病毒在系统中大量地复制繁殖造成的。有一些病毒在发作时，会将被传染的文件删除或重命名，或者将文件真正的内容隐藏起来，而文件的内容则变成了病毒的源代码，或者文件的时间、日期、大小发生了变化。这是比较明显的病毒感染迹象，此时文件不能正确地读取、复制或打开。

⑤计算机屏幕上出现异常显示。有一些病毒在发作时，会在计算机的屏幕上显现一些异常的信息，或是文字，或是图像。比如"小球"病毒在发作时，屏幕上就会出现一个上下浮动的小球。当屏幕上出现类似的异常显示时，很可能是计算机已经被感染了一些恶意的病毒。

⑥部分文档自动加密码。有些电脑病毒会利用加密算法，将加密密钥保存在电脑病毒程序体内或其他隐蔽的地方，加密被感染的文件。如果内存中驻留有这种电脑病毒，那么在系统访问被感染的文件时，它就会自动地将文档解密，这样用户就不会察觉到文档被加密了。这种电脑病毒即使被清除，加密的文档也很难恢复了。

⑦自动发送电子邮件。大多数电子邮件病毒都是采用自动发送电子邮件的方式来作为其传播的手段的。

杀毒软件，从功能上可以分为网络版和单机版两大类。一旦病毒入侵网络或者从网络向其他资源传染，网络版杀毒软件会立刻检测到并加以清除，这就最大可能地避免了病毒对系统资源的感染和破坏。对于个人用户来说，一般安装单机版杀毒软件，即可对本地和本地工作站连接的远程资源采用分析扫描的方式检测、清除病毒。目前，国内的杀毒软件有很多，360安全卫士、金山毒霸、腾讯电脑管家、火绒等都比较有名，大部分均可免费下载安装使用，功能也十分强大，然而，很多杀毒软件衍生出其他功能，比如广告推广；一旦安装，一个又一个的广告弹窗，让你的电脑就变成了广告的推广工具，占用了你的系统资源，消耗了你的网络带宽，给用户带来不少的烦恼。但无论如何，选择一款杀毒软件作为家用电脑的病毒防御还是有必要的。

动一动：选择安装一种杀毒软件并试用。

①上网查找各种杀毒软件资料，并进行横向比较。

软件名称			
开发公司			
创始人			
优点			
缺点			

②选择一款杀毒软件，安装试用其病毒查杀功能。

2. 防火墙技术

防火墙技术是目前网络安全运行中较为常用的防护措施。它是一种硬件设备或软件系统，主要架设在内部网络和外部网络间，为了防止外界恶意程式对内部系统的破坏，或者阻止内部重要信息向外流出，它通过监测、限制、更改跨越防火墙的数据流，尽可能地对外部屏蔽网络内部的信息、结构和运行状况，以此来实现网络的安全保护，因此，在逻辑上，防火墙是一个分离器、一个限制器，也是一个分析器，内部网络和外部网络之间的所有网络数据流都必须经过防火墙，所处位置如图4.10所示。

图 4.10　防火墙

防火墙的主要功能包括：

①过滤不安全的服务和非法用户：所有进出内部网络的信息都是必须通过防火墙，防火墙成为一个检查点，禁止未授权的用户访问受保护的网络。比如，允许任何人访问公司服务器上的Web站点，但是不允许远程登录到服务器上。如图4.11所示。

图4.11　过滤不安全的服务和非法用户

②控制对特殊站点的访问：防火墙可以允许受保护网络中的一部分主机被外部网访问，而另一部分则被保护起来。

③作为网络安全的集中监视点：防火墙可以记录所有通过它的访问，并提供统计数据，提供预警和审计功能。

第4章 互联网安全

从广义上讲，防火墙保护的是企业内部网络信息的安全，比如防止银行服务器用户账号信息、政府部门的保密信息、部队中的作战计划和战略等重要信息泄露。从狭义上讲，防火墙保护的是企业内部网络中各个电脑的安全，防止计算机受到来自企业外部非安全网络中的所有恶意访问或攻击行为。

防火墙按组成组件分类，分为软件防火墙和硬件防火墙两种。软件防火墙，一般基于某个操作系统平台开发，直接在计算机上进行软件的安装和配置。它通过纯软件的方式，实现隔离内外部网络的目的，是保护互联网用户安全的重要组成部分；以个人防火墙为例，它不需要特定的网络设备，只要在用户所使用的计算机上安装软件即可，适合小企业、个人等使用。

硬件防火墙就是指把防火墙程序做到芯片里面，由硬件执行这些功能，从而减少计算机或服务器的CPU负担，是硬件和软件的组合。从功能上看，硬件防火墙内置网络安全软件，使用专属或强化的操作系统，管理方便，更换容易，软硬件搭配较固定；硬件防火墙效率高，解决了防火墙效率、性能之间的矛盾；同时，具备很强的防黑能力和入侵监控能力，具有更好的安全性，是大多数企业用户的首选。硬件防火墙是保障内部网络安全的一道重要屏障，不但可以将大量的恶意攻击直接阻挡在外，同时也屏蔽来自网络内部的不良行为。它的安全和稳定直接关系到整个内部网络的安全。因此，日常例行的检查对于保证硬件防火墙的安全是非常重要的。

防火墙针对网络威胁提供了最佳防护，但它并非是万能的。它也有它的局限所在，它不能防范不经过防火墙的攻击，无法发现或拦截内部网络中发生的攻击，尤其是防火墙不能防止受病毒感染的文件的传输，无法检测或拦截注入在普通流量中的恶意攻击代码，如Web服务中的注入攻击等，此时，必须借助一个"补救"环节，即IDS（入侵检测系统）、IPS（入侵防御系统）。

问一问：试比较杀毒软件和防火墙的区别。

区别	杀毒软件	软件防火墙
主要功能		
工作原理		
工作区域		
常见软件		

3. IDS/IPS 技术

（1）IDS

IDS（Intrusion Detection Systems，入侵检测系统）是对防火墙有益的补充，帮助系统对

157

付网络攻击，扩展系统管理员的安全管理能力（包括安全审计、监视、进攻识别和响应），提高信息安全基础结构的完整性。入侵检测系统依照一定的安全策略，通过软、硬件对网络、系统的运行状况进行监视，尽可能发现各种攻击企图、攻击行为或者攻击结果，它的作用是监控网络和计算机系统是否出现被入侵或滥用的征兆，如图4.12所示。

图 4.12 入侵检测系统

防火墙为网络提供了第一道防线，入侵检测被认为是防火墙之后的第二道安全闸门，在不影响网络性能的情况下对网络进行检测，防火墙相当于一幢大楼门禁，它可以防止小偷进入大楼，但不能保证小偷100%地被拒之门外，更不能防止大楼内部个别人员的不良企图。但是如果小偷通过爬窗进入大楼，或者内部人员进行非法行为，门禁就没有任何作用了；入侵检测系统相当于实时监视系统，它可以对内部进行实时监控，一旦发现异常情况，就会及时发出警告。

不同于防火墙，IDS是一个监听设备，两者是互补的关系，协同工作。在实际的使用中，它既可以放在防火墙前面，部署一个网络IDS，监视以整个内部网为目标的攻击，又可以在每个子网上都放置网络感应器，监视网络上的一切活动，对那些异常的、可能是入侵行为的数据进行检测和报警，告知使用者网络中的实时状况，并提供相应的解决、处理方法，是一种侧重于风险管理的安全产品。

（2）IPS

随着网络攻击技术的不断提高和网络安全漏洞的不断发现，传统防火墙技术加传统IDS的技术已经无法应对一些安全威胁。在这种情况下，IPS技术应运而生。IPS（Intrusion Prevention System，入侵防御系统）是一种安全机制，通过分析网络流量，检测入侵（包括缓冲区溢出攻击、木马、蠕虫等），并通过一定的响应方式，实时地终止入侵行为，保护企业信息系统和网络架构免受侵害。

IPS是一种既能发现又能阻止入侵行为的新安全防御技术。通过检测发现网络入侵后，

能自动丢弃入侵报文或者阻断攻击源,从而从根本上避免攻击行为。入侵防御的主要优势有如下几点:

①实时阻断攻击:设备采用直路方式部署在网络中,能够在检测到入侵时实时对入侵活动和攻击性网络流量进行拦截,把其对网络的入侵降到最低。

②深层防护:由于新型的攻击都隐藏在 TCP/IP 协议的应用层里,入侵防御能检测报文应用层的内容,还可以对网络数据流重组进行协议分析和检测,并根据攻击类型、策略等来确定哪些流量应该被拦截。

③全方位防护:入侵防御可以提供针对蠕虫、病毒、木马、僵尸网络、间谍软件、广告软件、CGI(Common Gateway Interface)攻击、跨站脚本攻击、注入攻击、目录遍历、信息泄露、远程文件包含攻击、溢出攻击、代码执行、DDoS 攻击、扫描工具、后门等攻击的防护措施,全方位防御各种攻击,保护网络安全。防范 DDoS 攻击如图 4.13 所示。

图 4.13 入侵防御系统

④内外兼防:入侵防御不但可以防止来自企业外部的攻击,还可以防止来自企业内部的攻击。系统对经过的流量都可以进行检测,既可以对服务器进行防护,也可以对客户端进行防护。

入侵防御技术在传统 IDS 的基础上增加了强大的防御功能,能够识别事件的侵入、关联、冲击、方向和进行适当的分析,然后将合适的信息和命令传送给防火墙、交换机和其他的网络设备,以减轻该事件的风险,是一种主动、积极地入侵防范阻止系统。如果说防火墙相当于门禁,IDS 相当于监控,那么 IPS 相当于大厦的保安,不仅可以检测到入侵,还可以对入侵进行拦截。目前,下一代防火墙也集成了 IPS 的功能。但是 IPS 仍然是不可代替的。

想一想：防火墙、IDS 和 IPS 之间有什么区别？

4. 数据加密技术

数据加密技术可以有效防止数据信息被外部破解，并提高网络传输中信息的安全性、完整性，数据加密技术又称为密码学，它是一门历史悠久的技术，指通过加密算法和加密密钥将明文转为密文，而解密是通过解密算法和解密密钥将密文恢复为明文，如图 4.14 所示。数据加密是网络系统中一种比较有效的数据保护方式，加密技术是网络安全的核心，目的是防止网络数据的篡改、泄露和破坏。数据加密技术可以利用密码技术，将重要的信息进行加密处理，使信息隐藏屏蔽，以达到保护信息安全的目的，是维护计算机及网络安全的重要手段之一。企业和个人均可采用数据加密技术，以保证用户信息和商业信息的安全性。

图 4.14　数据加密技术

数据加密技术在计算机网络通信安全中的应用常见有以下几种类型。

（1）软件加密的应用

当前，计算机病毒和黑客已经严重影响了软件的安全使用，对软件进行加密是非常重要的。对软件进行加密的目的主要是阻止非法的数据复制，或者避免入侵者随便对软件内容进行阅读与更改。

(2) 数据库加密的应用

现在数据库应用广泛，可以为数据的共享使用提供很大便利，但其安全方面的能力相对都较弱，当受到木马或病毒侵袭时，数据库中的数据很容易被破坏或泄露。这就需要加密技术来处理数据库中的信息数据。只有使用相应的密钥才能访问和处理数据库中的数据。这可以有效地提高数据库的安全性，降低数据库丢失和泄露的风险。

(3) 网络加密的应用

目前，网络加密技术是确保计算机网络应用安全的有效方式之一。当网络被加密后，不仅能有效避免授权用户的私自入网，还能有效应对多种恶意软件的攻击，从而有效保护网络内部各种文件与数据。现阶段，端点加密、节点加密以及链路加密是网络加密的主要方式。端点加密是指对源端以及目的端两方的数据进行加密，以保护数据安全。节点加密是指对源节点到目的节点间的传输链路进行加密，以保护数据安全。链路加密则是对网络节点间的链路进行加密，以保护数据安全。在进行网络加密过程中，常常会用到各种加密算法，其中私钥加密算法与 DES 标准，以及公钥加密算法与 RSA 标准，是目前国际惯用的加密算法标准，以此通过较小代价来实现非常可靠的安全保护。

(4) 电子商务交易信息加密的应用

电子商务交易双方的信息和数据都是存储在网络上的，其安全性直接关系到双方的个人隐私和经济利益，出现丢失或转移必然导致重大经济损失，因此，所有的交易平台都把信息数据安全作为重中之重。在交易过程，对数据进行加密，可以保障电子商务在交易方面的完整性、授权性、保密性、不可否认性以及可用性。以网上购物为例，人们在网上购物的时候，会涉及网上支付，以一次微信支付为例，一次支付要完成 20 多次信息传递，密码几乎百分之百参与了信息处理过程。若在此过程中不进行数据加密和安全防御，一旦被不法分子窃取信息，就会带来严重的综合性损失，因此，对电子商务交易数据加密是非常必要的。

5. 加强管理和强化意识

网络安全防护单纯依靠技术的革新，是不可能完全解决网络安全隐患的，管理是网络安全的核心，技术是安全管理的保证，只有制定完整的规章制度、行为准则等管理制度，并和安全技术手段合理结合，网络安全才会有最大的保障。

无论是计算机网络安全技术还是计算机网络管理制度和规范，都需要人去执行和实施，在网络安全环节中，人员是网络安全工作的主体，网络安全所涉及的一切问题，决定因素是人，人员素质的高低直接决定着信息网络安全工作的好坏，因此，严格法律法规，加强管理机制，注重人员培训，可以有效控制和规避网络安全的风险，避免人为的网络安全隐患。

网络安全为人民，也要靠人民。维护网络安全是全社会的共同责任，增强网络安全意识，建立主动防范、积极应对的观念，是网络安全的基础。

议一议：为什么需要做网络安全等级保护？

> **• 知识拓展：《中华人民共和国网络安全法》**
>
> 　　《中华人民共和国网络安全法》（以下简称《网络安全法》）作为我国网络安全领域的基础性法律，其在网络安全史上具有里程碑意义。对于国家来说，其涵盖了网络空间主权、关键信息基础设施的保护条例，有效维护了国家网络空间主权和安全；对于个人来说，其明确加强了对个人信息的保护，打击网络诈骗，从法律上保障了广大人民群众在网络空间的利益；对于企业来说，《网络安全法》则对如何强化网络安全管理、提高网络产品和服务的安全可控水平等提出了明确的要求，指导着网络产业的安全、有序运行。
>
> 　　自《网络安全法》生效以来，与其相关的执法行为逐渐走向常态。2017年6月至7月间，山西忻州市某事业单位网站存在SQL注入漏洞，严重威胁网站信息安全，连续被国家网络与信息安全信息通报中心通报。根据《网络安全法》第二十一条第二款的规定，网络运营者应当按照网络安全等级保护制度的要求，采取防范计算机病毒和网络攻击、网络侵入等危害网络安全行为的技术措施；根据第五十九条第一款的规定，网络运营者不履行第二十一条规定的网络安全保护义务的，由有关主管部门责令改正，依法予以处置。山西忻州市网警认为该单位的行为已违反《网络安全法》相关规定，未按照网络安全等级保护制度的要求采取防范计算机病毒和网络攻击、网络侵入等危害网络安全行为的技术措施，忻州市、县两级公安机关网安部门对该单位进行了现场执法检查，依法给予行政警告处罚并责令其改正。那么，为什么需要做网络安全等级保护？

4.4 网络强国：坚守网络安全道德底线

互联网让世界变成了地球村，已经从最初的工具、渠道、平台的属性，变成了一个复杂的网络空间，它在为经济增长创造新空间、为产业转型升级创造新机遇的同时，也给现代社会带来严峻挑战。网络攻击、网络诈骗、有害不良信息泛滥等网络安全问题，不但给个人、机构、企业造成了直接经济损失，而且对社会产生不可低估的负面影响。它甚至关系到国家的安全和主权、社会的稳定、民族文化的继承和发扬的重要问题，给社会稳定带来极大的冲击和挑战。比如：不负责任地造谣传谣、大肆散布消极情绪、歪曲党史国史、蓄意制造恐慌气氛、恶意施展网络欺凌等。习近平总书记十分重视网络安全工作，他指出，"没有网络安全就没有国家安全，就没有经济社会稳定运行，广大人民群众利益也难以得到保障。要树立正确的网络安全观，加强信息基础设施网络安全防护，加强网络安全信息统筹机制、手段、平台建设，加强网络安全事件应急指挥能力建设，积极发展网络安全产业，做到关口前移，防患于未然。"习近平总书记高屋建瓴的话语，为推动我国网络安全体系的建立，树立正确的网络安全观指明了方向。

利用互联网推动经济社会发展，让广大人民群众分享信息化的成果，前提是保证网络安全。维护网络安全是全社会的共同责任，需要政府、企业、广大网民共同参与，共筑网络安全防线。对于政府而言，必须加强互联网治理，净化网络生态，捍卫网络安全。首先，必须旗帜鲜明、毫不动摇坚持党管互联网，形成党委领导、政府管理、企业履责、社会监督、网民自律等多主体参与，经济、法律、技术等多种手段结合的综合治网格局，对违法违规行为敢于亮剑，对传播有害信息、散布色情材料、兜售非法物品等行为要坚决管控，依法严厉打击网络黑客、电信网络诈骗、侵犯公民个人隐私等违法犯罪行为，持续形成高压态势，维护人民群众合法权益；其次，要进一步建立健全网络舆情应急预案，对可能侵害网民合法权益的有害信息要及时预警、通报、处罚；最后，要加强网络新技术、新应用的管理，确保互联网可管可控，使我们的网络空间清朗起来。

2016 年 11 月，《中华人民共和国网络安全法》高票通过，将网络安全各项工作带入法治化轨道；《国家网络空间安全战略》《通信网络安全防护管理办法》等配套规章、政策文件相继出台，网络安全审查、数据出境安全评估等重要制度逐步建立，对互联网信息搜索、移动互联网应用程序等及时依法规范。2017 年 3 月，十二届全国人大五次会议通过《民法总则》，明确对个人信息、数据、虚拟财产予以保护；《互联网新闻信息服务管理规定》《互联网用户公众账号信息服务管理规定》等规范性文件为依法治网、办网、用网提供基本依据。

对于企业来说，要主动承担主体责任，严格遵守互联网各项法律规定，加强互联网从业人员的职业道德、网上公德教育，恪守道德底线，切实履行职责，自律守法，打造守信友好、公平竞争的网络诚信平台，共同抵制一切有悖于网络诚信、妨碍行业发展的行为。建立健全网站内部管理规章制度，规范新闻信息发布管理制度，坚持客观、公正的报道原则。规范信息采集、制作、发布流程，强化监管、惩处机制，坚持提供客观、真实的新闻信息，防止虚假新闻和有害信息在网上传播，及时受理和处置网上不文明行为，净化网络环境，切实履行社会责任，用求真务实之心、精益求精之心在网上发声，把互联网建设成宣传正能量、传播真善美、塑造高尚情操、弘扬社会正气的新阵地。

对于广大网民而言，要做有高度的安全意识、有文明的网络素养、有守法的行为习惯、有必备的防护技能"四有"中国好网民，中共中央总书记、国家主席习近平指出："网络空间同现实社会一样，既要提倡自由，也要保持秩序。自由是秩序的目的，秩序是自由的保障。我们既要尊重网民交流思想、表达意愿的权利，也要依法构建良好网络秩序，这有利于保障广大网民合法权益。网络空间不是'法外之地'。网络空间是虚拟的，但运用网络空间的主体是现实的，大家都应该遵守法律，明确各方权利义务。要坚持依法治网、依法办网、依法上网，让互联网在法治轨道上健康运行。"当代大学生和青年，既是网络文化建设、网络强国建设的参与者，也是推动者、享有者，应该牢牢把握正确的舆论导向，对相关法律法规心存敬畏，坚持弘扬正能量，营造风清气正的网络空间，使其成为造福人类的精神家园。

网络安全，关乎你我。"防火墙"能够勉强抵挡一些"黑客"与病毒，创建一个健康、有序、安全、具有活力、没有污染的"绿色"网络环境，更需要坚守自己的道德底线，趋利避害，推进互联网真正造福社会、造福人民。

 辩一辩：网络安全和网络自由哪个更重要？

第 5 章 互联网新技术

在互联网时代，技术是推动社会发展的驱动力，以云计算、大数据、人工智能、区块链为代表的新一代信息技术正快速迭代、深度应用，数字化、智能化成为未来社会经济发展的主流。作为夯实经济社会数字化发展的基石，国家发改委明确了新基建的定义及范围，认为新基建是以新发展理念为引领，以技术创新为驱动，以信息网络为基础，面向高质量发展需要，提供数字转型、智能升级、融合创新等服务的基础设施体系，其内涵主要包括信息基础设施、融合基础设施、创新基础设施三个方面，涵盖 5G、物联网、工业互联网、卫星互联网、人工智能、云计算、区块链、数据中心等多个重点领域。

难重点笔记区

5.1 移动互联网

移动互联网是 PC 互联网发展的必然产物，是指移动通信终端与互联网相结合成为一体，是用户使用手机、PAD 或其他无线终端设备，通过速率较高的移动网络，在移动状态下（如在地铁上、公交车上等）随时、随地访问 Internet，以获取信息，使用商务、娱乐等各种网络服务。

2014 年，4G 的到来标志着移动互联网进入了全面发展阶段。4G 网络的大规模展开催生了许多公司利用移动互联网开展业务，移动应用场景得到极大丰富。通过移动互联网，人们可以使用手机、平板电脑等移动终端设备浏览新闻，还可以使用各种移动互联网应用，例如在线搜索、在线聊天、移动网游、手机电视、在线阅读、网络社区、收听及下载音乐等。

目前，移动互联网已经渗透到人们生活、工作的各个领域，微信、支付宝、位置服务等丰富多彩的移动互联网应用迅猛发展，正在深刻改变信息时代的社会生活，第49次《中国互联网络发展状况统计报告》显示，截至2021年12月，我国网民使用手机上网的比例达到99.7%，手机成为上网的最主要设备。从互联网到移动互联网，一方面，是用户"移动上网"的需求，另一方面，3G、4G、5G通信网络技术的发展，使得手机能够真正支持高速率网络接入，如果说4G开启移动互联网新时代，那么，5G技术将更好地满足移动互联网时代的用户需求，推动移动互联网跨越式发展。

问一问：移动互联网和传统互联网的明显区别是什么？

5.2 5G 技术

5G 时代的浪潮正汹涌而来,对于 5G 的认知已不能停留在手机应用层面了。5G（5th Generation Mobile Communication Technology,第五代移动通信技术）通信网络具有高速率、大连接以及低功耗和低时延等特点。它的三类应用场景包括增强移动宽带、超高可靠低时延通信和海量机器类通信。5G 的 G,是英文 Generation 的缩写,就是"代"的意思。所以,5G 就是"第五代"移动通信系统的简称。从 2G 到 5G,2G 实现了语音通信数字化,可以打电话、发短信,但图片加载速度极慢;3G 可以直接在网上浏览图片和一些清晰度较差的视频;4G 实现了局域高速上网,大屏智能机加载视频时间更短、画质更清晰。与 4G、3G、2G 不同的是,5G 不是一个单一的无线接入技术,也不都是全新的无线接入技术,而是对现有无线接入技术（包括 2G、3G、4G 和 Wi-Fi）的演进,以及一些新增的补充性无线接入技术集成后解决方案的总称。5G 是下一代移动通信网络标准,是未来新代信息基础设施的重要组成部分。2G~4G 都着眼于让人与人之间的通信更便捷,而 5G 则突破了人与物之间的壁垒,可以满足移动医疗、车联网、智能家居、工业控制、环境监测等应用需求。2021 年 11 月,工业和信息化部下发的《"十四五"信息通信行业发展规划》提出,到 2025 年实现行政村 5G 通达率达到 80%;在未来,5G 将会渗透到各个行业和领域,成为支撑经济社会数字化、智能化转型的关键新型基础设施。

我国政府、企业、科研机构等各方高度重视前沿布局,5G 技术研发已走在全球前列。2016 年,我国华为公司以 PolarCode（极化码）方案拿下了 5G 控制信道 eMBB 场景编码的标准。2019 年 6 月 6 日,国家工业和信息化部正式向中国电信、中国移动、中国联通、中国广电发放 5G 商用牌照,这标志着我国正式进入 5G 商用元年。

1. 5G 的应用场景

目前,国际基本认同 5G 主要有三大应用场景,分别是针对原有 4G 宽带业务进行升级的增强移动宽带（eMBB）业务、面向对及时响应要求较高的场景的高可靠低时延（uRLLC）业务以及面向大量通信设备接入场景的海量物联网通信（mMTC）业务。

（1）eMBB（enhanced Mobile BroadBand,增强移动宽带）

eMBB 是在现有移动宽带业务场景的基础上,对用户体验等性能的进一步提升,主要还是追求人与人之间极致的通信体验,可用于 3D、AR/VR 等超高清大流量移动宽带业务,还有 4K、8K 超高清的视频。5G 有效弥补了现有带宽不足及专线成本过高的现状,使 5G 时代视频内容会更沉浸、更清晰。2018 年韩国平昌冬奥会是 5G 第一次在应用上面亮相,其中的应用几乎都是增强型移动宽带的应用。比如全景转播以及交互式媒体,几百个运动员滑雪滑下来的时候,每个人装了一个摄像头,每个摄像头都通过 5G 来连接,这样,对于每一个运动员的视野，观众都可以看到，这是 eMBB 的首次亮相，也可以说是 5G 的首次亮相。2020年 2 月，疫情期间，央视《疫情 24 小时》全天候 5G 直播火神山医院的建造过程，高峰观看人数 9 000 万，被称为"史上最强云监工"。这也是 eMBB 的典型应用。

（2）uRLLC（ultra Reliable and Low Latency Communication，高可靠低时延业务）

主要面向如车联网、工业控制等垂直行业的特殊应用需求，可用于无人驾驶、自动驾驶、交通控制、远程施工、同声翻译、工业自动化等需要低时延、高可靠连接的业务。在 5G 低时延技术的帮助下，自动驾驶汽车探测到障碍后的响应速度将降至毫秒级，比人的反应还快。得益于此，5G 将使自动驾驶汽车从实验室开到路上。

以无人机为例，它是无人驾驶飞机（Unmanned Aerial Vehicle）的简称，是利用无线遥控设备和自备程序控制装置的不载人飞机。5G 以全新的网络架构，提供 10 Gb/s 以上的带宽、毫秒级时延、超高密度连接，实现网络性能的跃升。5G 通信模组成熟，结合 MEC 技术应用，使得无人机飞控、高清图像、视频等信息传输成为可能。同时，利用 5G 高速移动切换的特性，无人机在相邻基站快速切换时，保障了业务的连续性，能够有效扩大巡视范围，提升巡线效率。

（3）mMTC（massive Machine Type of Communication，海量物联网通信）

5G 强大的连接能力可以实现从消费到生产的全环节、从人到物的全场景覆盖，快速促进互联网、物联网与各行各业的深度融合。

mMTC 主要应用于智慧城市、环境监测、智能农业、森林防火等以传感和数据采集为目标的场景。以智慧城市为例，5G 可助力安防、巡检、救援等方面，提升管理与服务水平，在城市安防监控方面，结合大数据及人工智能技术，5G + 超高清视频监控可实现对人脸、行为、特殊物品、车等精确识别，形成对潜在危险的预判能力和紧急事件的快速响应能力；在城市安全巡检方面，5G 结合无人机、无人车、机器人等安防巡检终端，可实现城市立体化智能巡检，提高城市日常巡查的效率；在城市应急救援方面，5G 通信保障车与卫星回传技术可实现建立救援区域海陆空一体化的 5G 网络覆盖，提高应急救援效率。

5G 除了不断提升手机的数据通信能力之外，更重要的是将 5G 的终端从手机拓展到物联网终端、传感器等设备，开启了万物互联时代，拓宽、融合了产业的发展空间，支撑经济社会创新发展。随着 5G 网络建设的逐步加速，其对社会和生产所带来的改变将逐步明朗。

想一想：5G 如何改变社会？

2. 5G 的关键性能指标

5G 的关键性能指标包括用户体验速率、连接数密度、端到端时延、流量密度、移动性和用户峰值速率等六个方面。用户体验速率是指真实网络环境下用户可获得的最低传输速率，5G 支持 0.1~1 Gb/s 的用户体验速率，速率提升了 10 100 倍；连接数密度是指单位面积上支持的在线设备总和，5G 每平方千米可联网设备的数量高达 100 万个，提升了 10 倍；端到端时延是指数据包从源节点开始传输到被目的节点正确接收的时间，5G 达到 1 ms 级，降低为 1/10；流量密度是指单位面积区域内的总流量，5G 目标值是每平方千米数十 Tb/s 的流量密度，提升了 100 倍；移动性是指满足一定性能要求时，收发双方间的最大相对移动速度，5G 支持高达 500 km/h 以上的通信环境，提升了 1.43 倍；用户峰值速率是指单用户可获得的最高传输速率，5G 支持数十 Gb/s 的峰值速率，提升了 10 倍以上；其中，用户体验速率、连接数密度和时延是 5G 最关键的三个性能指标，从数据可以看出，5G 大幅提升用户的上网速度，可以实时传输 8K 分辨率的 3D 视频，或是在 6 s 内下载一部 3D 电影。

从技术发展上来看，5G 是 4G 技术的全面扩展与提升，除了超高的传输速率以外，对延迟的降低、容量的扩大是最显著的技术突破，为用户需求的挖掘奠定了技术基础。未来，5G 将以光纤般的接入速率、"零"时延的使用体验、千亿设备的连接能力、超高流量密度、超高连接数密度和超高移动性等超强的性能指标为支撑，以具体的业务为导向，极大增强运营商服务能力，满足不同应用场景的特定需求。

问一问：5G 和 Wi-Fi 之间是否有关系？

3. 5G 的发展

5G 是支撑经济社会数字化转型发展的新型基础设施之一，党中央、国务院高度重视 5G 发展。习近平总书记就加快 5G 发展多次做出重要指示，强调要"推动 5G 网络加快发展""加快 5G 网络、数据中心等新型基础设施建设进度"。工业和信息化部发布《关于推动 5G

加快发展的通知》，是贯彻落实习近平总书记重要指示精神的具体举措，是当前5G商用关键时期推动5G加快发展的工作指引，有利于凝聚共识、明确方向，集聚各方力量，加快5G协同发展。在"新基建"带动下，5G网络建设稳步推进，移动电话基站数保持增长，为经济社会发展提供强大的新动能。第49次《中国互联网络发展状况统计报告》显示，截至2021年12月，我国移动电话基站总数达996万个，累计建成并开通5G基站总数为142.5万，全年新增5G基站数达到65.4万。

伴随5G网络的不断完善，5G赋能垂直行业不断数字化转型，5G产业应用不断创新，跨行业的融合发展进一步加强，5G技术将渗透到消费、生产、销售、服务等各行业，推动研发、设计、营销、服务等环节进一步向数字化、智能化、协同化方向发展，实现工业领域全生命周期、全价值链的智能化管理，引发产业领域的深层次变革，推动新一轮的生产生活方式变革。工业和信息化部推动相关单位借鉴已发布的两批"5G+工业互联网"20个典型场景和10个重点行业应用实践，紧扣行业领域特点需求，挖掘更多应用场景，推动"5G+工业互联网"与实体经济深度融合。目前已在电子设备制造、装备制造、钢铁、采矿、电力等行业取得显著应用成效，在推动我国数字经济发展中发挥更大作用。中国信通院研究数据显示，按照2020年5G正式商用算起，到2030年，中国5G直接贡献的总产出、经济增加值分别为6.3万亿元、2.9万亿元；间接贡献的总产出、经济增加值分别为10.6万亿元、3.6万亿元。此外，预计2030年5G将带动超过800万人就业，主要是来自电信运营和互联网服务企业创造的就业机会。

未来几年，依托5G大宽带、低时延、广连接的特性，运营商的服务能力将极大增强，业界将加快构建5G产业生态，丰富和深化5G与垂直产业的融合应用，5G应用场景从移动互联网拓展到工业互联网、车联网、物联网等更多领域，支撑更大范围、更深层次的数字化转型，从而激活现有行业并创造新的场景与需求，间接刺激经济的增长。从效果看，5G使万物互联真正走向可能，并将推动物联网、云计算、大数据、人工智能、区块链等新技术高速发展，对人们的生产生活产生重大影响，将有力推动人类社会从"万物互联"演变为"万物智联"，形成真正意义上的智慧互联时代。

 议一议：华为事件给了我们什么启示？

• **知识拓展：华为事件**

众所周知，移动网络已经融入社会生活的方方面面，深刻地改变着人们的交流、沟通乃至整个生活方式。在2G、3G、4G网络时代，全球移动互联网的主导权都被美国等西方发达国家所垄断；5G时代，全球共28家企业声明了5G标准必要专利，中国企业声明数量占比超过30%，位居首位。其中，华为的5G核心技术更是处于世界前列，我国华为公司在5G网络技术领域快速崛起，2016年11月17日，华为的极化码方案成为5G的最终方案，华为成为5G标准的主导者之一，在最新的5G R16标准上，中国主导21个标准，占了全部项目的40%，位列世界第一。目前，我国在5G技术标准、设备、网络、应用等方面拥有优势，美国等一些发达国家不甘心接受华为在5G领域的优势，为了维护科技霸权，对中国电信设备制造商进行种种限制，打压中国在通信领域的技术崛起。2012年以来，美国政府禁止华为在该国销售网络设备，多次否决华为对美国ICT公司和专利技术的收购，限制和否决美国电信运营商采购中国企业制造的终端设备，联合其他国家展开了对华为的强力制裁，阻止华为在5G领域站稳脚抢占5G市场，并不断对华为升级打压。按美国的说法，是为了国家安全，实际上，是5G网络标准制定主导权之争，是为了遏制中国科技进步，遏制中国的基础创新。

华为事件让我们充分认识核心技术的重要性，核心技术无法靠"化缘"获得，只有大力加强自主研发、自主创新能力，企业才能在残酷的市场竞争中百战百胜，国家才能在壮阔的国力较量中笑傲群雄，民族才能在激烈的潜力比拼中立于不败之地！

5.3 物联网

作为继计算机、互联网与移动通信网之后的又一次信息产业浪潮，物联网实现了物与物的相联、人与物的对话。相比于互联网，物联网拥有更大的市场空间和产业机遇。所谓物联网（Internet of Things，IoT），简单理解就是"万物互联"，是指通过传感器、射频识别（RFID）、二维码、全球定位系统等信息传感设备，按约定的协议，把任何物品与互联网相连接，实现人与物体、物体与物体的沟通和对话，以实现智能化识别、定位、跟踪、监控和管理的一种智能网络。

想一想：物联网是机会还是泡沫？

物联网系统中的海量数据信息来源于终端设备，而终端设备数据来源可归根于传感器，传感器赋予了万物"感官"功能，如人类依靠视觉、听觉、嗅觉、触觉感知周围环境，同样，物体通过各种传感器也能感知周围环境，并且比人类感知更准确、感知范围更广。例如，人类无法通过触觉准确感知某物体具体温度值，也无法感知上千摄氏度的高温，也不能辨别细微的温度变化。物联网通过角度感应、射频识别、红外感应器等信息传感设备，把所有物品与互联网连接起来，以实现智能化识别和管理。

RFID（Radio Frequency Identification，射频识别）技术，俗称"电子标签"，是一种自动识别技术，通过射频信号自动识别目标对象并获取相关数据，识别工作无须人工干预。它也是实现物与物之间信息交流的关键所在。将电子标签附着在目标物品上，可对其进行全球范围内的追踪和识别，因此，在自动识别、物品物流管理方面有着广阔的应用前景。比如，装有电子标签的汽车通过高速公路收费站时能被自动识别，无须停车缴费，大大提高了行车速度和效率。

二维条码是物联网中一种非常重要的自动识别技术，它是在一维条码的基础上扩展出另一维具有可读性的条码，实现了横、纵两个维度的信息存储，可以把图片、声音、文字等数字化的信息进行编码，不但扩大了信息存储量，丰富了信息存储类型，还具有对不同行的信息自动识别功能，能够处理图形旋转变化。在电子商务、电子政务的信息安全、交易、物流、产业链管理等诸多方面具有广泛的应用，贯穿工业、商业、国防、交通运输、金融、医疗卫生、邮电及办公室自动化等识别领域。特别是在商业流通领域，二维码技术正在引发一场商业模式革命。

 动一动：申请微信收付款二维码。

写下步骤：

此外，嵌入式系统是物联网的重要技术基础，它综合计算机软硬件、传感器技术、集成电路技术、电子应用技术于一体。通常嵌入式系统是一个控制程序存储在 ROM 中的嵌入式处理器控制板。事实上，所有带有数字接口的设备，如手表、微波炉、录像机、汽车等，都使用嵌入式系统，有些嵌入式系统还包含操作系统，但大多数嵌入式系统都是由单个程序实现整个控制逻辑。经过几十年的演变，以嵌入式系统为特征的智能终端产品随处可见，小到人们身边的 MP3，大到航天航空的卫星系统。如果把物联网用人体做一个简单比喻，传感器相当于人的眼睛、鼻子、皮肤等感官；网络就是神经系统，用来传递信息；嵌入式系统则是人的大脑，在接收到信息后，要进行分类处理。

问一问：嵌入式系统在物联网中的作用是什么？

随着物联网市场的爆发，智能家居、智能穿戴、智慧能源、车联网、智慧城市、智慧农业等领域均已实现了物联网的应用，而物联网的感知层由各种传感器构成，它可以自动识别物体，自动采集信息，比如，你买的智能手环、智能眼镜等设备可以通过物联卡设备来互通数据，实时检测你的健康状况并生成日常行为习惯画像；比如你家的空调、加湿气等设备可以自动连接家中的Wi–Fi网络，并根据交互数据自动调节合适温度。在智能制造领域，由于摄像头的监管作用，我们能快速察觉哪个机器出现问题；在车联网、自动驾驶领域，路口的摄像头会自动分析并上传实时路况，自动驾驶车辆基于视觉系统进行自动应急，物联网的发展为我们带来巨大的便利。

1. 智能家居

当你下班回家后，一推开家门，灯光就亮了，空调打开了，窗帘打开了，喜欢的音乐响起了，洗澡水已经为你烧好了，咖啡也在为你准备着，这就是物联网在智能家居上的体现。现今智能灯光、智能插座、智能冰箱、智能洗衣机等智能家居产品比比皆是，以家居智能安防为例，物联网将监控摄像头、窗户传感器、智能门铃（内置摄像头）、红外监测器等有效连接在一起，用户可以通过手机、iPad随时随地查看室内的实时情况，从而保障住宅安全。

动一动：登录小米官网，了解小米智能家居。

> **写下步骤：**

2. 智慧能源

主要集中在水能、电能、燃气、路灯等能源监测方面，比如，具有物联网能力的路灯现在可以与数千米之外的城市公共事务经理们进行"交流"，发送电力使用的相关物联网数据；可以远程调节灯光，以补充本地环境条件，例如，在月夜调暗灯光，或者在暴雨和大雾天调亮灯光，根据气候调节路灯的能力可以节约能源，降低能源成本。

3. 智慧农业

智慧农业是利用物联网、人工智能、大数据等现代信息技术与农业进行深度融合，实现农业生产全过程的信息感知、精准管理和智能控制的一种全新的农业生产方式，可实现农业可视化诊断、远程控制以及灾害预警等功能。比如智能植物监测仪，可以实时监测湿度、温度，推送浇水时间，自动开启或者关闭指定设备；还可以根据用户需求，随时进行处理，为实施农业综合生态信息自动监测、对环境进行自动控制和智能化管理提供科学依据。

物联网已成为我国重点发展的战略性新兴产业，当越来越多的设备、车辆、终端等纳入信息网络之中时，人类加速迈向万物互联、泛在感知的时代。泛在连接一方面使得网络获得更加多样化、更海量的数据，同时，也使得机器或者是整个网络信息系统获得更强的学习和认知能力，物联网的大规模应用必定进一步推进大数据、云计算、人工智能、区块链等新兴信息技术发展。

议一议：物联网与用户隐私安全，两者如何兼得？

物联网（IoT）为人们提供了前所未有的便利和快捷，天猫精灵和小爱同学等智能音箱使播放音乐、设置闹钟或获取其他信息变得更加容易；家庭安全系统使生活更加安全；智能恒温器可以在我们外出回家之前为房屋调温；传感器可以帮助我们了解环境状况；自动驾驶汽车和智慧城市可能会改变我们建设和管理公共场所的方式。然而，这些创新可能会对我们的个人隐私产生重大影响。

比如，通过分析消费者在网站上的浏览记录，广告商就可以知道自己的用户经常看些什么内容，而物联网穿戴设备和智能家居产品还可以提供更详细的信息，包括个人健康、运动、习惯和生活的大量私人信息，甚至在家里的一举一动，隐私权已经陷入堪忧境地。

隐私，即每个事物保持独立，而物联网旨在连接一切。在万物互联的时代，数据和设备之间有着千丝万缕的联系，但互联网连接的设备充斥着敏感信息，这种连接是以侵犯隐私的形式出现的。那么，你认为物联网与用户隐私安全，两者是否可以兼得？

5.4 大数据

21 世纪是数据信息大发展的时代，移动互联、社交网络、电子商务等极大拓展了互联网的边界和应用范围，各种数据正在迅速膨胀并变大。随着云计算、移动互联网和物联网的迅猛发展，更加丰富、更多的传感设备和移动终端接入网络，由此而产生的数据及增长速度将比历史上的任何时期都要多、都要快，数据总量正呈现出指数型的增长态势，大数据的概念开始进入公众视野。在"互联网＋"行动计划、大数据发展行动纲要、"中国制造 2025"等政策的推动下，中国企业纷纷开启数字化转型之路，大数据由概念走向落地，它对国家治理、企业决策和个人生活都会产生深远的影响。现如今，大数据已经被广泛应用于精准营销、金融风控、供应链管理等诸多实践领域中，一个大数据引领的智慧科技的时代已经到来。

1. 大数据的概念

所谓大数据（big data），即海量的数据集合，它来源于海量用户的一次次的行为数据，是一个数据集合。比如，微信、微博产生的数据，视频直播产生的数据，手机通话产生的数据，商品标签产生的数据，快递包裹、物品流通产生的数据。近年来，数据规模呈几何级数高速成长，据国际信息技术咨询企业国际数据公司（IDC）的报告，2030 年全球数据存储量将达到 2 500 ZB。通过这些数据，我们不但能了解过去发生了什么，还能预测未来会发生什么。

2. 大数据的特征

大数据本身是一个比较抽象的概念，单从字面来看，它表示数据规模的庞大。由维克托迈尔－舍恩伯格和肯尼斯克耶编写的《大数据时代》中提出，大数据具有 4V 特征：规模性（Volume）、多样性（Variety）、价值性（Value）、高速性（Velocity）。

（1）规模性（Volume）

随着大数据时代的来临，各行各业每天都在产生数量巨大的数据碎片，数据计量单位已从 B、KB、MB、GB、TB 发展到 PB、EB、ZB、YB，甚至 BB、NB、DB，用常规的数据工具无法在一定的时间内进行采集、处理、存储和计算。大量的数据对服务器承载能力、处理数据的计算机性能都提出了很高的要求。

（2）多样性（Variety）

多样性主要体现在数据来源多、数据类型多。大数据的数据来源主要有四个方面：一是内容数据，Web 2.0 时代以后，每个人都成了媒体，都在网络上生产内容，包括文字、图片、视频等。二是电商数据，随着电子商务的发展，线上交易量已经占据整个零售业交易的大部分。每一笔交易都包含了买家、卖家以及商品背后的整条价值链条的信息。三是社交数据，随着移动社交成为最主要的社交方式，社交不只有人与人之间的交流作用，社交数据中还包括了人的喜好、生活轨迹、消费能力、价值取向等各种重要的用户画像信息。四是物联网数据，也是大数据的最主要数据来源，占到了整个数据来源的 90% 以上，随着物联网在各行各业的推广应用，物联网每时每刻都在产生海量的数据，可以说没有物联网也就没有大数据。

这些庞大的数据之中，不仅包括结构化数据（如数字、符号等），还包括非结构化数据（如文本、图像、声音、视频等）。这使得大数据的存储、管理和处理很难利用传统的关系型数据库去完成数据的不同来源，多样性的数据对数据的处理能力提出了更高的要求。

(3) 价值性（Value）

在大量、复杂的数据之中，发挥价值的仅是其中非常小的部分。比如，物联网的感知信息无处不在，信息海量，存在大量不相关信息，价值密度较低，这是大数据的典型特征。挖掘大数据的价值类似于沙里淘金，从海量数据中挖掘稀疏但珍贵的信息，以期创造更大的价值。

(4) 高速性（Velocity）

大数据与海量数据的重要区别表现在两方面：一方面，大数据的数据规模更大，有价值的信息往往深藏其中，这就需要对大数据的处理速度非常快，才能短时间之内就能从大量的复杂数据之中获取到有价值的信息；另一方面，大数据对处理数据的响应速度有更严格的要求，时效性要求高。这是大数据区别于传统数据挖掘最显著的特征。

3. 大数据技术

数据是资源、财富，海量数据一旦合理使用，便会展露无限商机，但这些信息并不是以直观的形式呈现出来的，需要有办法对这些数据进行处理，然而，我们要处理的数据量实在是太大、增长太快了，而业务需求和竞争压力对数据处理的实时性、有效性又提出了更高要求，传统的常规技术手段根本无法应付。大数据技术就是以较低的成本及快速的采集、处理和分析技术，从各种超大规模的数据中获得有价值信息，帮助企业更好地适应变化，并做出更明智的决策。比如，在零售环节，大数据能够精准地分析消费者的行为和喜好，从而实现精准营销。因此，大数据的战略意义不在于掌握庞大的数据信息，而在于对这些含有意义的数据进行专业化处理。

大数据技术的体系庞大且复杂，它描述了一种新一代技术和构架，其基础技术包含数据的采集、数据预处理、分布式存储、数据库、数据仓库、机器学习、并行计算、可视化等各种技术范畴和不同的技术层面，未来急剧增长的数据迫切需要寻求新的技术处理手段。

问一问：数据从哪里来？

4. 大数据的应用

中国大数据产业发展受宏观政策环境、技术进步与升级、数字应用普及渗透等众多利好因素的影响，市场需求和相关技术进步成为大数据产业持续高速增长的最主要动力。大数据的实际应用，主要体现在零售业、金融业、医疗业、制造业、交通物流及政府部门等。

（1）零售业大数据应用

目前，零售业大数据应用主要表现在两个层面：一个层面是零售行业可以了解客户消费喜好和趋势，进行商品的精准营销，降低营销成本；另一个层面是依据客户购买的产品，为客户提供可能购买的其他产品，扩大销售额，也属于精准营销范畴。另外，零售行业还可以通过大数据掌握未来消费趋势，有利于热销商品的进货管理和过季商品的处理。零售行业的数据对于产品生产厂家是非常宝贵的，零售商的数据信息将会有助于资源的有效利用，降低产能过剩，厂商依据零售商的信息按实际需求进行生产，减少不必要的生产浪费。

电商是最早利用大数据进行精准营销的行业，由于电商的数据较为集中，数据量足够大，数据种类较多，因此未来电商数据应用将会有更多的想象空间，包括预测流行趋势、消费趋势、地域消费特点、客户消费习惯、各种消费行为的相关度、消费热点、影响消费的重要因素等。依托大数据分析，电商的消费报告将有利于品牌公司产品设计、生产企业的库存管理和计划生产、物流企业的资源配置、生产资料提供方产能安排等。

想一想：大数据时代，如何守护我们的数据安全？

> • **知识拓展：信息裸奔**
>
> 　　生活在大数据时代，信息泄露对日常事务造成了影响，可能给人们的生活带来困扰。在大数据时代，顶尖的算法可以根据你在网络中的碎片痕迹判断出你的喜好，甚至可以追踪你具体的位置。我们在淘宝上浏览商品，购物交易，支付宝、微信上面的支付账单，用滴滴打车等，这些数据都会存在某些巨头的服务器中，他们会根据这些数据给每个人建档，打上不同的标签。比如我们在淘宝上浏览商品后，下次打开就会推送相关的商品；我们在支付宝上的每笔交易，每年都会有年终账单，其中包括你的总共支付金额、每个方面消费比例等。"信息裸奔"令人不寒而栗，行走在大数据的社会，个人信息安全值得我们每个人关注。

（2）金融业大数据应用

　　大数据在金融行业应用范围较广，典型的案例有花旗银行利用 IBM 沃森电脑为财富管理客户推荐产品；美国银行利用客户单击数据集为客户提供特色服务，如有竞争的信用额度；招商银行利用客户刷卡、存取款、电子银行转账、微信评论等行为数据进行分析，每周给客户发送针对性广告信息，里面有顾客可能感兴趣的产品和优惠信息。目前金融业主要信息需求是客户行为分析、防堵诈骗、金融风险分析等。

　　第一，客户行为分析。银行通过对客户刷卡、存取款、电子银行转账等行为数据的研究，对客户进行市场营销、金融的产品创新及满意度分析，并依据客户消费习惯、地理位置、消费时间及现金流推荐相关信息、产品，提供信用评级及融资支持，以及设计满足客户需求的金融产品。

　　第二，防堵诈骗。通过账户的行为模式监测欺诈，也可通过大数据、预测分析和风险划分帮助公司识别出导致欺诈的模式，从收到的索赔中获取大数据，根据预测分析及早发现诈骗。

　　第三，金融风险分析。评价金融风险可以使用很多来源数据，例如客户经理、手机银行、电话银行等，也包括来自监管和信用评级部门的数据。在一定的风险分析模型下，大数据分析可帮助金融机构预测金融风险，包括信用风险、市场风险、操作风险。

动一动：在支付宝中搜索并打开"2021年账单"，查看个人相关信息。

写下步骤：

（3）医疗业大数据应用

医疗业对大数据应用的当前需求来自疫情和健康趋势分析、电子病例、医学研发、临床试验等。医疗行业拥有大量的病例、病理报告、治愈方案、药物报告等。如果这些数据可以被整理和应用，将会极大地帮助医生和病人。

在未来，借助于大数据平台收集不同病例和治疗方案，以及病人的基本特征，可以建立针对疾病特点的数据库。在医生诊断时，就可以参考病人的疾病特征、化验报告和检测报告，参考疾病数据库来快速帮助病人确诊，明确定位疾病。在制订治疗方案时，医生可以依据病人的基因特点，调取相似基因、年龄、人种、身体情况的有效治疗方案，制订出适合病人的治疗方案，帮助更多人及时进行治疗。

（4）制造业大数据应用

制造业大数据应用的需求主要是产品研发与设计、供应链管理、生产、售后服务等。可免除产品研发过程中不必要的重复及改善生产和组装的流程，以提高整体价值链的竞争力，也可让产品更符合消费者的需求，提高产品的价值。

（5）交通业大数据应用

交通业大数据应用的需求主要通过数据分析功能来进行智能交通管理和预测分析，如对违法车辆进行追踪，提高违法车辆追踪的效率，对交通流量进行实时的分析和预测，减少道路堵塞等。交通的大数据应用主要表现在两个方面：一方面，可以利用大数据传感器数据来了解车辆通行密度，合理进行道路规划，包括单行线路规划；另一方面，可以利用大数据来实现即时信号灯调度，提高已有线路运行能力。科学地安排信号灯是一个复杂的系统工程，必须利用大数据计算平台才能计算出一个较为合理的方案。机场的航班起降依靠大数据将会提高航班管理的效率；航空公司利用大数据可以提高上座率，降低运行成本；铁路利用大数据可以有效安排客运和货运列车，提高效率、降低成本。

(6) 政府大数据应用

大数据在政府部门的应用，可以进一步协助发挥政府机构的职能作用，政府利用大数据技术可以了解各地区的经济发展情况、各产业发展情况、消费支出和产品销售情况，依据数据分析结果，科学地制定宏观政策，平衡各产业发展，避免产能过剩，有效利用自然资源和社会资源，提高社会生产效率。政府应用大数据技术，在医疗、卫生、教育等民生领域，可以提升服务能力和运作效率，以及个性化的服务。

大数据带给政府的不仅仅是效率提升、科学决策、精细管理，更重要的是数据治国、科学管理的意识改变，未来大数据将会从各个方面来帮助政府实施高效和精细化管理。政府运作效率的提升、决策的科学客观、财政支出的合理透明都将大大提升国家整体实力，成为国家竞争优势。

 议一议：大数据如何赋能疫情防控？

- **知识拓展：大数据赋能疫情防控**

  面对 2020 年开年这场新冠肺炎疫情，数据驱动的精准防控成为战"疫"的强有力武器。随手点开任何一家媒体平台制作的疫情地图实时数据报告，即可看到全国疫情动态、新增确诊或疑似趋势等疫情信息；输入身份证号，即可查询近 14 日内是否到达过疫情严重地区，是否与确诊患者同乘坐同一辆交通工具；利用采集挖掘到的近期车辆轨迹数据，可在应用软件上为运送防疫物资的司机提供优选路线推荐……这些是新冠肺炎疫情防控期间，我们切实感受到的大数据的力量。

  在这场新冠肺炎疫情防控中，大数据展现了广阔的应用前景，从政府到企业充分发挥大数据技术的赋能效用助力科学防疫，从疫情信息统计分析，到流动人员健康监测、确诊病例追踪，再到疫情态势研判、预测，大数据技术助力筑牢疫情防控网，为科学防控、复工复产、民生保障等提供了有力支撑。

  对于地方政府，运用大数据分析，结合算法模型对疫情的传播速度、传播趋势等进行科学预测，为各地进行动态监测管理、统筹医疗物资储备、保障民生物资供应、制定交通管制政策等提供有效依据，实现科学决策和精准施策。例如，基于疫情的严重程度以及影响状况来提供相应的资源分配以及援助，能够更精确、更有效地做到疫情期间相对紧张的资源利用与合理分配。

  对于普通百姓，日常生活中，人们通过手机就能接触到海量的医学、交通等方面的信息，可以主动查询同车、同航班、同小区、同城的疫情数据，从而采取有效的自主防疫措施。通过手机这一接地气的方式，把大数据分析的结果通过可视化、自主服务的方式传递到几乎每一个居民，真正做到了全民防疫的有效动员。

> 在这场新冠肺炎疫情防控狙击战中，大数据展现了广阔的应用前景，人们也看到大数据互联互通的巨大作用，如何推动企业和政府部门在大数据的采集、存储、使用等方面实现共享加速，打通各环节数据"孤岛"，更好地发掘出大数据的价值，利用大数据为我们的生活提供便利、为企业创新发展提供动力、为城市应急管理提供支撑，值得更多思考与应对。

5. 大数据的发展

随着人们对数据科学的深入认识，大数据已成为企业和社会的重要战略资源，成为争相抢夺的新焦点。习近平同志在中共中央政治局就实施国家大数据战略进行第二次集体学习时指出，大数据发展日新月异，我们应该审时度势、精心谋划、超前布局、力争主动，深入了解大数据发展现状和趋势及其对经济社会发展的影响，分析我国大数据发展取得的成绩和存在的问题，推动实施国家大数据战略，加快完善数字基础设施，推进数据资源整合和开放共享，保障数据安全，加快建设数字中国，更好地服务我国经济社会发展和人民生活改善。这一重要讲话精神，为推动实施国家大数据战略指明了方向和任务，大数据已经从商业行为上升到国家发展战略。

随着前所未有的海量数据聚集，大数据将由网络数据处理走向企业级应用，并创造新的细分市场未来，大数据作为一个成熟的技术，将应用到国计民生的各个领域，给各个领域带来巨大的冲击和变革。

5.5 云计算

万物互联带来的巨大数据量物,构成了大数据的重要来源。海量数据的存储、处理与分析,并从海量数据中发现价值,需要云计算的支撑。在人们日常网络应用中,简单的云计算随处可见,比如,手机的云备份服务、云笔记等。在未来,几乎所有的应用都会部署到云端,而它们中的大部分都将直接通过移动设备为我们提供各种各样的服务。

1. 云计算的概念

自 2006 年谷歌首次提出"云计算"(Cloud Computing)以来,其概念众说纷纭,维基百科对云计算的解释是:云计算是一种基于互联网的计算方式,通过这种方式共享了软硬件资源和信息,可以按需提供给计算机和其他设备。由于资源是在互联网上,而在计算机流程图中,互联网常以一个云状图案来表示,因此可以形象地类比为云计算,"云"同时也是对底层基础设施的一种抽象概念。美国国家标准与技术研究院(NIST)的定义为:"云计算是一种按使用量付费的模式,这种模式提供可用的、便捷的、按需的网络访问,进入可配置的计算资源共享池(资源包括网络、服务器、存储、应用软件、服务),这些资源能够被快速提供,只需投入很少的管理工作,或与服务供应商进行很少的交互。"其本质就像人类用电方式的改变一样,若没有发电厂和电网,每家每户都需要各自购买一台发电机,但现在人们不再需要自己购买发电机,而是购买发电企业输送在电网上的电力。目前,这个定义被广泛接受,从这个概念可以看出,云计算具备以下五个关键特征:

①云计算实现了 IT 资源的按需自助服务(On – demand Self – service)。云计算为客户提供自助化的资源服务,用户无须同提供商交互就可自动得到自助的计算资源能力。即用户可以根据自己的需求,采用自助方式选择满足自身需求的服务项目和内容。

②云计算实现了无处不在的网络接入(Broad Network Access)。用户可以随时随地使用任何云终端设备接入网络并使用云计算资源池中的资源,这极大地提升了用户工作的灵活性和经营工作效率。

③云计算实现了与位置无关的资源池(Locations Independent Resources Pooling)。这个资源池中的资源包括网络、服务器、存储、应用及服务等。当用户需要资源时,直接在云计算资源池里取即可。

④云计算实现了资源快速的弹性伸缩(Rapid Elastic)。是指资源能够快速地供应和释放,也就是说,用户在需要时,能快速获取资源,从而扩展计算能力,不需要时,能迅速释放资源,以便降低计算能力,从而减少资源的使用费用。对于消费者来说,云端的计算资源是无限的,可以随时申请并获取任何数量的计算资源。借助云计算,用户可以根据实际需求预置资源量,根据业务需求的变化立即扩展或缩减这些资源。

⑤云计算按需付费（Pay per User）。云计算服务不仅可以由独立的 IT 部门提供，还可以由第三方云计算服务商提供，并且所提供的资源可计量。其付费也有很多种方法，比如根据某类资源（如存储、CPU、内存、网络带宽等）的使用量和时间长短计费；按时间长短计费，包括按时、按天、按月不同套餐进行计费。

云计算作为一种新型的计算模式，已经成为像水、电一样重要的基础资源。只要到云服务平台注册一个账号，企业和个人用户就可以通过互联网方便、快捷地获取所需的 IT 资源和技术能力，既降低成本，又满足灵活部署、高效率的业务需求，如图 5.1 所示。随着数字化、智能化转型深入推进，云计算正扮演着越来越重要的角色。

图 5.1 云计算

 议一议：云计算安全吗？

2. 云计算的服务模式

云计算的最终目标是将计算、服务和应用作为一种公共设施提供给公众，使人们能够像使用水、电、煤气和电话那样使用计算机资源。目前，云计算提供的服务模式公认有基础设施即服务（IaaS）、平台即服务（PaaS）、软件即服务（SaaS）三种。

（1）基础设施即服务（IaaS）

即提供硬件基础设施部署服务，把厂商的多台服务器组成"云端"基础设施，将内存、I/O 设备、存储和计算能力整合成一个虚拟的资源池为整个业界提供所需的存储资源和虚拟化服务器等，为用户按需提供实体或虚拟的计算、存储与网络等资源。通俗地讲，就是为用户提供一台裸机或一个存储空间服务，用户可以自行决定要装什么系统与软件，或存放什么文件。但用户通常不能管理或控制云基础设施，但能控制自己部署的操作系统、存储和应用，也能部分控制使用的网络组件，如主机防火墙，如图 5.2 所示。

图 5.2　IaaS

（2）平台即服务（PaaS）

即提供应用程序开发、部署与管理服务，云服务商向客户提供的是运行在云基础设施之上的软件开发和运行平台，如标准语言与工具、数据访问、通用接口等，用户可利用该平台开发和部署自己的软件，而不用操心资源购置、容量规划、软件维护、补丁安装或与应用程序运行有关的任何无差别的繁重工作，有助于提高效率。但用户通常不能管理或控制支撑平台运行所需的低层资源，如网络、服务器、操作系统、存储等，但可对应用的运行环境进行配置，控制自己部署的应用。

（3）软件即服务（SaaS）

即为用户直接提供应用软件服务。SaaS 服务提供商将应用软件统一部署在自己的服务器上，用户根据需求通过互联网向厂商订购应用软件服务，服务提供商根据客户所定软件的数量、时间的长短等因素收费，并且通过浏览器向客户提供软件服务，客户利用不同设备上的客户端（如 Web 浏览器）或程序接口通过网络访问和使用云服务商提供的应用软件，如电子邮件系统、协同办公系统等。这种模式下，客户不再像传统模式那样花费大量资金购买、开发软件，无须考虑如何维护服务或管理基础设施，只需要考虑如何使用该特定软件即可。但客户通常不能管理或控制支撑应用软件运行的低层资源，如网络、服务器、操作系统、存储等，但可对应用软件进行有限的配置管理。

问一问：请举例说明云计算可以解决哪些问题。

3. 云计算的部署策略

云计算的三种服务模式都具有流行、有效、灵活、用户友好等特征，用户可以根据需要选择部署策略，目前，云计算主要有四种部署策略，每一种都具备独特的功能，以满足用户不同的要求。

（1）私有云

是指企业自己使用的云，一般是企业自己采购基础设施，搭建云平台，在此之上开发应用的云服务，如图5.3所示。它所有的服务不是供别人使用，而是供自己内部人员或分支机构使用。云端的所有权、日程管理和操作的主体到底属于谁并没有严格的规定，可能是本单位，也可能是第三方机构，还可能是二者的联合。云端可能位于本单位内部，也可能托管在其他地方。其缺点是投资较大，尤其是一次性的建设投资较大。私有云的部署比较适用于有众多分支机构的大型企业或政府部门。

（2）公有云

云端资源开放给社会公众使用。云端的所有权、日常管理和操作的主体可以是一个商业组织、学术机构、政府部门或者它们其中的几个联合。云端可能部署在本地，也可能部署于其他地方。其应用程序、资源、存储等云计算服务由第三方提供商完全承载和管理，这些服务大多是免费的，也有部分按需、按使用量来付费，这种模式只能使用互联网来访问和使用，如图5.4所示。比如深圳超算中心、亚马逊、微软的Azure、阿里云等。

图 5.3 私有云

图 5.4 公有云

对于使用者而言，公有云的最大优点是，用户无须购买硬件、软件或支持基础架构，只需为其使用的资源付费，其所应用的程序、服务及相关数据都存放在公有云的提供者处，自己无须做相应的投资和建设，相对成本较低，但数据的安全性相对也低于私有云。

(3) 社区云

云端资源专门给固定的几个单位内的用户使用，而这些单位对云端具有相似诉求，共享一套基础设施，共同承担所产生的成本；云端的所有权、日常管理和操作的主体可以是本社区内的一个或多个单位，也可能是社区外的第三方机构，还可以是二者的联合。云端可以部署在本地，也可以部署于他处，如图 5.5 所示。比如医院组建区域医疗社区云，各家医院通过社区云共享病例和各种检测化验数据，这能极大地降低患者的就医费用。

(4) 混合云

由两个或两个以上不同类型的云（私有云、社区云、公有云）组成，它们各自独立，但用标准的或专有的技术将它们组合起来，它们在云的内部又相互结合，可以发挥出所混合的多种云计算模型各自的优势，如图 5.6 所示。目前最流行的做法是由私有云和公有云构成

第 5 章 互联网新技术

图 5.5 社区云

混合云，当私有云资源短暂性需求过大时，自动租赁公有云资源来平抑私有云资源的需求峰值。例如，网站在节假日期间点击量巨大，这时就会临时使用公有云资源来应急。

图 5.6 混合云

混合云是供自己和客户共同使用的云，它所提供的服务既可以供别人使用，也可以供自己使用。混合云的管理和运维由用户和云计算提供商共同分担，用户可根据业务私密性程度的不同自主在公有云和私有云间进行切换。相对而言，混合云的部署方式对提供者的要求较高，目前绝大多数混合云由企事业单位主导，以私有云为主体，并融合部分公有云资源，就是说，混合云的消费者主要来自一个或几个特定的单位组织。

189

4. 云计算的关键技术

在实际云计算部署模式中,主要涉及以下关键技术:

(1) 数据存储技术

云计算系统由大量服务器组成,为保证高可用、高可靠和经济性,云计算采用分布式存储的方式来存储数据,采用冗余存储的方式来保证存储数据的可靠性,即为同一份数据存储多个副本。为了同时满足大量用户的需求,并行地为大量用户提供服务,云计算的数据存储技术必须具有高吞吐率和高传输率的特点。目前,云计算系统中广泛使用 GFS 或 HDFS 的数据存储技术。GFS 即 Google 文件系统(Google File System),是一个可扩展的分布式文件系统,用于大型的、分布式的、对大量数据进行访问的应用。GFS 的设计思想不同于传统的文件系统,是针对大规模数据处理和 Google 应用特性而设计的。它运行于廉价的普通硬件上,但可以提供容错功能。它可以给大量的用户提供总体性能较高的服务。HDFS 是一个分布式文件系统,它被设计为运行在廉价的物理服务器上,具有高容错性的文件系统。作为 Hadoop 的底层文件系统,它支持数据的高吞吐量,能够存储 GB 到 TB 级的数据。

(2) 数据管理技术

云计算需要对分布的、海量的数据进行处理、分析,因此,数据管理技术必须能够高效地管理大量的数据。同时,如何在规模巨大的数据中找到特定的数据,也是云计算数据管理技术所必须解决的问题。云计算系统中的数据管理技术主要是 Google 的 BT(BigTable)数据管理技术和 Hadoop 团队开发的开源数据管理模块 HBase。

(3) 虚拟化技术

通过虚拟化技术可实现软件应用与底层硬件相隔离,它包括将单个资源划分成多个虚拟资源的裂分模式,也包括将多个资源整合成一个虚拟资源的聚合模式。虚拟化技术根据对象,可分成存储虚拟化、计算虚拟化、网络虚拟化等,计算虚拟化又分为系统级虚拟化、应用级虚拟化和桌面虚拟化。

(4) 云计算平台管理技术

云计算资源规模庞大,服务器数量众多并分布在不同的地点,同时运行着数百种应用,如何有效地管理这些服务器,保证整个系统提供不间断的服务是巨大的挑战。云计算系统的平台管理技术能够使大量的服务器协同工作,方便地进行业务部署和开通,快速发现和恢复系统故障,通过自动化、智能化的手段实现大规模系统的可靠运营。

(5) 编程模型

为了使用户能更轻松地享受云计算带来的服务,让用户能利用该编程模型编写简单的程序来实现特定的目的,云计算上的编程模型必须十分简单。必须保证后台复杂的并行执行和任务调度向用户和编程人员透明。云计算采用类似于 MapReduce 的编程模式,MapReduce 是 Google 提出的编程模型,使用 Java、Python、C++等编程语言实现,是一种简化的分布式编程模型和高效的任务调度模型,用于大规模数据集(大于 1 TB)的并行运算。现在所有 IT 厂商提出的"云"计划中采用的编程模型,都是基于 MapReduce 的思想开发的编程工具。

想一想:云计算技术发展方向是什么?

5. 云计算的应用

云计算已经融入现今的社会生活,从技术角度来看,云计算的应用领域不仅涉及传统的 Web 领域,在物联网、大数据和人工智能等新兴领域也有比较重要的应用,市场规模巨大、增长快速。根据中国信息通信研究院预测,到 2023 年,中国云计算市场整体市场规模将达到 3 754.2 亿元。在此基础上进一步预测,到 2025 年,中国云计算整体市场规模将达到 5 863 亿元左右。云计算常见应用有以下几种类型:

(1)弹性计算云服务

这是云计算最主要的使用场景,即公司企业按需申请 IT 计算资源(包括服务器、存储和网络资源),基于云端的 IT 资源,构建自己的 IT 系统,这样公司/企业可以省去一大笔 IT 设备的购买资金,只需要支付少量 IT 资源使用费用。

(2)存储云服务

计算云服务主要是面向公司/企业提供计算资源(服务器资源),而存储云服务主要是面向公司/企业提供存储资源,并且提供的存储资源同样是弹性可伸缩的。用户只需要缴纳少量的存储资源使用费用,就可以将本地的资源上传至云端上,在任何地方连入互联网来获取云上的资源。比如,百度云和微云是市场占有量最大的存储云。存储云向用户提供了存储容器服务、备份服务、归档服务和记录管理服务等,大大方便了使用者对资源的管理。未来几年,基于移动互联社交的个人及企业云存储市场将爆发。

 动一动:安装并使用百度网盘。

写下步骤:

（3）桌面云服务

目前,桌面云服务呈现出越来越普及的趋势;传统的 IT 办公,是每个员工人手一台电脑,使用自己的电脑办公。但是这样的传统办公模式存在各种弊端,员工手里的电脑可能会出现故障,比如 1 万名员工,1 万台电脑,万分之一的故障率,即意味着每天都有一台电脑故障,IT 运维压力大,同时还存在信息安全风险,员工电脑里的信息很容易泄露出去。使用桌面云服务之后,公司员工不再使用电脑办公,而只需要一台轻量化的云终端设备,从云终端设备登录到云端的桌面云,在云端的桌面云上统一集中办公；IT 运维人员也只需要统一集中维护云端设备和资源即可,运维压力减轻,同时,员工手里只有一台云终端设备,该云终端设备并无数据信息,只是用来接入桌面云的,所有的数据信息均存储在云计算中心,信息安全有保障。

（4）大数据分析云服务

部分公司/企业存在着大数据分析的需要,比如金融行业就需要进行海量的客户资料分析,确认哪些客户是优质客户,哪些客户存在违约风险等。这类公司/企业就可以使用大数据分析云,在大数据分析云内嵌入大数据分析引擎（比如分布式计算平台 Hadoop）,帮助公司/企业快速完成海量数据分析。

（5）媒体云服务

对于广播电视行业的公司,存在媒体资源的采集、编辑、播放控制、音视频转码、管理等各方面的软件处理需求。目前国内外业界都已纷纷推出媒体采集编播的专业化软件,但是这些专业化软件存在两个弊端：软件本身价格高昂和软件对运行环境存在非常高的性能要求。如果公司/企业购买这些专业化软件，无疑需要支付高昂的软件费用和购买昂贵的高性能计算设备。在此情况下，公司/企业可以使用媒体云服务，在媒体云内嵌入各类专业化软件，同时，依托于云端海量的IT资源，完全可以确保这些媒体专业软件的流畅运行。

（6）医疗云服务

医疗云，是指在云计算、移动技术、多媒体、大数据以及物联网等新技术基础上，结合医疗技术，使用"云计算"来创建医疗健康服务云平台，实现了医疗资源的共享和医疗范围的扩大。因为云计算技术的运用与结合，医疗云提高了医疗机构的效率，方便了居民就医。现在医院的预约挂号、电子病历、医保等都是云计算与医疗领域结合的产物，医疗云还具有数据安全、信息共享、动态扩展、布局全国的优势。

（7）教育云服务

教育云可以将所需要的任何教育硬件资源虚拟化，然后将其上传互联网，向教育机构和学生老师提供一个方便快捷的平台。现在流行的慕课就是教育云的一种应用。慕课MOOC指的是大规模开放的在线课程。现阶段慕课的三大优秀平台为Coursera、edX及Udacity，在国内，中国大学MOOC也是非常好的平台。在2013年10月10日，清华大学推出MOOC平台——学堂在线，许多大学现已使用学堂在线开设了一些课程的MOOC。

2020年的新冠肺炎疫情，"云办公""云会议""云课堂"等成了"新常态"，让云计算再次进入了公众视线。云计算日益成为一种类似于"水电和天然气"的社会和公共基础设施，通过互联网提供按需服务。未来10年，云计算将颠覆用户生态，不能及时拥抱云计算这个先进生产力的传统企业，竞争力会被严重削弱。

在云计算这个平台上，决定最终性能的关键因素就是应用的各种算法，而这是人工智能承担的角色。人工智能离不开大数据，同时也要靠云计算平台来完成深度学习进化。

 议一议：云计算能代替传统软件吗？

5.6 人工智能

2016年，谷歌旗下公司研发的围棋程序"AlphaGo"（音译阿尔法狗）以4∶1的比分完胜韩国的职业围棋九段李世石，创造了人工智能领域一个新的里程碑。2017年，AlphaGo又击败当时世界排名第一的中国围棋选手柯洁，人工智能引发了全球关注，两个月后，中国政府颁布了《新一代人工智能发展规划》等文件，提出了面向2030年我国新一代人工智能发展的指导思想、战略目标、重点任务和保障措施，以新一代人工智能技术的产业化和集成应用为重点，以加快人工智能与实体经济融合为主线，着力推动人工智能技术、产业全面健康发展。2020年，为应对新冠肺炎疫情的冲击，我国将新型基础设施建设上升为国家战略，其中重要的一项就是人工智能。

想一想：从AlphaGo这个事例上，能否说明计算机比人类聪明，或者说计算机已经有了类似"人类的智慧"呢？

1. 人工智能的概念

人工智能，英文缩写为AI，顾名思义，它是由人类创造出来的智能，而非自然界产生的，或者说，它是一门让机器像人一样感知和思考的技术。人工智能领域的先驱、麻省理工学院计算机科学家帕特里克·亨利·温斯顿（Patrick Henry Winston）教授在《人工智能》一书中认为：人工智能是研究人类智能行为规律（如学习、计算、推理、思考、规划等），构造具有一定智慧能力的人工系统，以完成往常需要人的智慧才能胜任的工作。

20世纪90年代，互联网技术的发展和高性能计算机的出现，加速了人工智能的创新研究，人们逐步使用人工智能算法来解决数据采集和处理中的很多问题，促使人工智能技术进一步走向实用化。2006年以来，深度学习理论的突破带动了人工智能一次新的发展浪潮，互联网、云计算、大数据、芯片和物联网等新兴技术为人工智能各项技术的发展提供了充足的数据支持和算力支撑，泛在感知数据和图形处理器等计算平台推动以深度神经网络为代表的人工智能技术飞速发展，以"人工智能+"为代表的业务创新模式随着人工智能技术和产业的发展日趋成熟，成为新一轮产业变革的核心驱动力，催生了新的技术、产品、产业、业态、模式，引发了经济结构的重大变革，实现了社会生产力的整体提升。

2. 人工智能的研究内容

人工智能从诞生以来，理论和技术日益成熟，应用领域也不断扩大，作为计算机科学的一个分支，人工智能的目的是生产出一种能够模拟人类智能的智能机器，使机器能够胜任一些通常需要人类智能才能完成的复杂工作。其研究内容主要包括机器学习、语音识别、图像识别、自然语言处理和专家系统等。

(1) 机器学习

机器学习专门研究计算机怎样模拟或实现人类的学习行为，以获取新的知识或技能，重新组织已有的知识结构，使之不断改善自身的性能。它是一门多领域交叉学科，涵盖概率论知识、统计学知识、近似理论知识和复杂算法知识等，使用计算机作为工具并致力于真实实时的模拟和实现人类学习方式，以获取新的知识或技能，并将现有内容进行知识结构划分来有效提高学习效率。

机器学习推动人工智能快速发展，是人工智能发展的重要推动因素，它是现阶段解决很多人工智能问题的主流方法，是现代人工智能的本质，目前正处于高速发展之中。

(2) 语音识别

语音识别是让机器识别和理解说话人语音信号内容的技术。其目的是将语音信号转变为计算机可读的文本字符或者命令的智能技术，利用计算机理解讲话人的语义内容，使其听懂人类的语音，从而判断说话人的意图。语音识别技术主要包括特征提取技术、模式匹配准则及模型训练技术等三个方面，语音识别首先要对采集的语音信号进行预处理，然后利用相关的语音信号处理方法计算语音的声学参数，提取相应的特征参数，最后根据提取的特征参数进行语音识别。其中，预处理主要是对输入的语音信号进行预加重和分段加窗等处理，并滤除其中的不重要信息及背景噪声等，然后进行端点检测，以确定有效的语音段。特征参数提取是将反映信号特征的关键信息提取出来，以此降低维数，减少计算量，用于后续处理，这相当于一种信息压缩。之后进行特征参数提取，用于语音训练和识别。

(3) 自然语言处理

自然语言是指汉语、英语、法语等人们日常使用的语言，是人类社会发展演变而来的语言，它是人类学习生活的重要工具。概括来说，自然语言是指人类社会约定俗成的，区别于如程序设计的语言的人工语言。自然语言处理，是指用计算机对自然语言的形、音、义等信息进行处理，即对字、词、句、篇章的输入、输出、识别、分析、理解、生成等的操作和加工。

(4) 计算机视觉

计算机视觉（Computer Vision）技术利用摄像机以及电脑替代人眼对目标进行识别、跟踪、测量和判别决策等，并进一步做图形处理，使电脑处理的信息成为更适合人眼观察或传送给仪器检测的图像。计算机视觉的研究目标是使计算机具备人类的视觉能力，能看懂图像内容，理解动态场景，期望计算机能自动提取图像、视频等视觉数据中蕴含的层次化语义概念及多语义概念间的时空关联等。作为人工智能的一个重要分支，目前在智能安防、自动驾驶汽车、医疗保健、生成制造等领域具有重要的应用价值。

(5) 知识工程

知识工程是一门运用现代科技手段高效率、大容量地获得知识、信息的工程技术学科。目的是开发一个实现自动化知识转移和利用的技术与方法，主要研究如何组成由电子计算机和现代通信技术结合而成的新的通信、教育、控制系统。主要包括知识获取、知识表示和知识应用。近年来热度火爆的知识图谱，就是新一代的知识工程技术。知识工程是人工智能的原理和方法，它为电子计算机的进一步智能化提供了条件，是关系人工智能发展的关键性学科。

问一问：自动化、智能化、人工智能三者的区别与联系分别是什么？

3. 人工智能的应用场景

人工智能被称为 21 世纪最具活力、最引人关注的技术，它汇聚了大数据、云计算、物联网等数字技术的综合影响力，逐渐从专业领域走向实际应用，成为与人们日常生活息息相关的一项技术，形状各异、功能多样的机器人也早已走进我们的生活，如扫地机器人、擦玻璃机器人、语音对话机器人等。在疫情期间，人工智能技术广泛应用于疫情监测分析、医疗救护、复工复产等环节的工作，为疫情防控提供了有效的支撑。随着人工智能领域的自然语言处理、语音识别、计算机视觉等技术的逐渐成熟，人工智能与产业融合进程不断加速，深入赋能实体经济，在医疗、自动驾驶、工业智能等领域应用进展显著。

（1）智慧零售

通过人工智能、深度学习、图像智能识别、大数据应用等技术，控制单元可以进行自主的判断和行为，实现在商品分拣、运输、出库等环节的自动化，实现零售服务的快速和精准，让客户触达、客户链接和客户洞察变得简单和充分，从而触发了零售商业模式的创新发展，顾客体验实现前所未有的优化升级，给商家提供更高的经营效率。

（2）智能教育

智能教育是指将人工智能和教育科学结合在一起，以发展适应性学习情境。智能教育的建设涵盖校园IT基础建设、互动教学硬件设备、信息化平台及软件、线上内容资源等，应用场景包括自适应学习、教育机器人、智慧校园、智能课堂等形式。

智能教育建立在与学生充分的交互和数据获取的基础上，通过图像识别、语音识别等技术，对各类信息的收集、处理和综合分析研判，匹配用户的学习需求，然后进行统计分析和评估反馈，可应用于教学过程中的"教、学、评、测、练"五大环节，实现对学生个性化分析、以学定教，提升学习的效率与质量；实现机器批改试卷、识题答题及在线答疑解惑等，为老师减负增效；为教学管理提供大数据辅助决策与建议，为科学治理提供支撑；智能教育在一定程度上改善了教育行业师资分布不均衡、费用高昂等问题。

（3）智能交通

通过智能硬件、软件系统、云平台等构成一套完整的智慧交通体系，将人、车和路紧密地结合起来，对道路交通中的路基情况、交通情况、车辆流量、行车速度等信息进行采集和分析，通过后台分析模型和算法处理，实现对交通的智能监控和调度、对违法事件的取证分析、对道路的监控和智能维护，从而提升通行能力、保障交通安全以及简化交通管理，实现信息互通与共享以及各交通元素的彼此协调、优化配置和高效使用，形成人、车和交通的一个高效协同环境，建立安全、高效、便捷和低碳的交通。例如，交通信号灯智能适配、出行路径优化、公共交通工具调度决策等应用场景。

（4）智能制造

智能制造是基于新一代信息通信技术与先进制造技术深度融合，贯穿于设计、生产、管理、服务等制造活动的各个环节，具有自感知、自学习、自决策、自执行、自适应等功能的新型生产方式，其本质是新一代信息技术与制造业的深度融合。从智能制造业角度出发，人工智能技术正在深入改造制造行业，催生了智能装备、智能工厂、智能物流、制造执行系统（Manufacturing Execution System，MES）等应用场景，创造出自动化的一些新需求、新产业、新业态。

（5）智慧医疗

近年来，人工智能技术与医疗健康领域的融合不断加深，智能医疗被广泛应用于电子病历、影像诊断、远程诊断、医疗机器人、新药研发和基因测序等场景，成为影响医疗行业发展，提升医疗服务水平的重要因素。智慧医疗通过打造健康档案区域医疗信息平台，建立病理知识库、方法库、模型库和工具库，通过机器学习和知识创新，支持进行病理智能诊断；智能医疗的目标是达到一键诊断、居家诊疗，让智能医疗走进寻常百姓的生活。相信在不久的将来，医疗行业将融入更多人工智慧、传感技术等高科技，使医疗服务走向真正意义的智能化，推动医疗事业的繁荣发展。

4. 人工智能的发展

当前，人工智能作为全球最活跃的创新领域之一，全球已有美国、中国、欧盟、英国、日本、德国、加拿大等10余个国家和地区发布了人工智能相关国家发展战略或政策规划，用于支持AI未来发展。这些国家几乎都将人工智能视为引领未来、重塑传统行业结构的前沿性、战略性技术，积极推动人工智能发展及应用，注重人工智能人才队伍培养。2019年，中国政府工作报告指出："打造工业互联网平台，拓展'智能+'，为制造业转型升级赋能。"这是"智能+"首次写入政府工作报告。从2017年起，"人工智能"连续三年被写入政府工作报告，在市场和政策的推动下，人工智能技术将迎来一个火热的上升期。报告显示，2021年上半年，人工智能新算法不断涌现，产业格局与生态体系更为明晰，人工智能技术应用开始全面覆盖日常生活。

随着人工智能技术不断向纵深发展，我国人工智能科研能力、专利发展及技术应用均实现了一定突破，未来的人工智能会像电和水一样无所不在，颠覆和变革各个行业，应用场景将更加广泛。

议一议：人工智能和人的关系。

- **知识拓展**：电影《人工智能》

《人工智能》是由华纳兄弟影片公司于2001年拍摄发行的一部未来派的科幻类电影。由史蒂文·斯皮尔伯格执导，影片于2001年6月26日在美国上映，讲述在人类科学技术到达顶峰的机器人普及时代，一个有思想、有感情的机器男孩David被一对人类父母收养后抛弃，David一向认为自己被抛弃的原因是自己不是一个有血肉的人，他渴望着自己能由一个机器人变成一个真真正正的人。抱着对这个愿望，David开始踏上了旅程，去寻找真正属于自己的地方。

5.7 区块链

中国数字经济蓬勃发展，但网络信息不对称、数字信任危机以及数字应用安全风险等问题仍然存在。区块链技术很好地解决了这些问题，进而充分释放数字经济所蕴藏的巨大潜能。习近平总书记指出，"要把区块链作为核心技术自主创新的重要突破口，着力攻克一批关键核心技术，加快推动区块链技术和产业创新发展。"这标志着区块链技术正式上升为国家重大战略。

1. 区块链概念

区块链的概念最早于 2008 年在比特币创始人中本聪的论文《比特币：一种点对点的电子现金系统（Bitcoin：A Peer – to – Peer Electronic Cash System）》中首次提出。他认为，在中心化的体系内，价值分散在各中心手中，由于各中心的系统不同，各中心的互通成本非常大；由于少数中心化的机构掌握了多数的价值，价值的流通受制于中心化机构的体系要求，造成了一种高成本、低效率的运作现状；而且由于所有数据均存储于中心化机构中，更容易遭恶意破坏者的篡改。基于此，中本聪在区块链技术的基础上，创建了比特币，也正是比特币网络使得区块链进一步完善并正式进入了公众视野。

区块链（Blockchain）可以理解为一种公共记账的技术方案，即通过建立一个互联网上的公共账本，由网络中所有参与的用户共同在账本上记账与核账，每个人（计算机）都有一个一样的账本，所有的数据都是公开透明的，并不需要一个中心服务器作为信任中介，其运行原理就是大家共同记账，互相验证，达成共识。

"区块"是区块链的基本组成，它是由一串按照密码学方法产生的数据块或数据包组成的，区块就是一个数据块，除了交易信息之外，区块上还包含一些特征信息，即"哈希值"。所谓哈希值，可以理解为数据的一个"指纹"，每个人的指纹都是不一样的，不同的数据，算出来的哈希值一般来说也是不同的。如果已知数据 A 的哈希值是 H，想伪造另一个数据 B，使它的哈希值也是 H，这是极其困难的。也就是说，哈希值具有不可伪造性，起到了"指纹"的作用。一个区块中，包含了两种哈希值："上一个区块的哈希值"和"本区块的哈希值"。因为每个区块都包含了上一个区块的哈希值，从创始区块（genesis block）开始链接（chain）到当前区域，依次连成一条（逻辑上的）链，即区块链。

从密码学的角度来看，存储在区块链上的交易信息是公开的，但是账户身份信息是高度加密的，只有在数据拥有者授权的情况下才能访问到，从而保证了数据的安全和个人的隐私。如果一个区块上的交易信息被人恶意篡改，则"本区块的哈希值"就会改变。由于区块链中下一个区块包含了"上一个区块的哈希值"，为了让下一个区块依然能连到本区块，需要修改下一个区块，也就是说，篡改了一个区块，就要修改后面所有区块。对于一个由成千上万个分布在全球各个角落的节点组成的区块链系统而言,没有任何一个人可以单独地记录数据,从而避免了单一记录者被操控或者恶意记假账的情况,在区块链上记录的每一笔交易,都能够保持真实可靠,公开透明,既保证了数据处理的公正性,也解决了数据的信任问题,特别是有效解决了陌生人间的信任问题。因此,区块链本质上是一连串使用密码学相关联所产生的不重复的、不可篡改的数据块。

从数据库的角度来看,区块链是去中心化的、分布式的、区块化存储的数据库,通过区块链技术,互联网上的各个用户成为一个节点并相互连接起来,所有在此区块链架构上发布的内容都会在加密后被每一个节点接收并备份,每一个节点将要根据系统规则来对交易进行验证和确认。各节点将加密数据不断打包到区块中,再将区块发布到网络中,并按照时间顺序进行连接,生成永久、不可逆向的数据链,这便形成了一个公开透明的、受全部用户监督的区块链,节点的数据是同步的,即使部分节点数据被毁,也不会受影响,保证了数据的安全。因此,区块链生成了一套记录时间先后的、安全的、可信任的数据库。

想一想:区块链=比特币?

2. 区块链特性

区块链技术是指通过去中心化的方式集体维护一个可靠数据库的技术方案,其特性主要有以下几点:

(1)去中心化

区块链使用分布式核算和存储,不依赖额外的第三方管理机构或硬件设施,没有中心管制,任意节点的权利和义务均等,各个节点实现信息自我验证、传递和管理。去中心化是区块链最本质的特征。

（2）开放性

区块链的运行规则是公开透明的，除了交易各方的私有信息被加密外，区块链的数据对所有参与者公开。每一台设备都能作为一个节点，节点间基于一套共识机制共同维护整个区块链，共识机制是区块链系统稳定运行的关键，所有在区块链网络上产生的数据，都要通过一个共识协议，在所有节点上进行验证。整个系统的信息高度透明。

（3）自治性

区块链采用基于协商一致的规范和协议，各个节点就按照这个规范来操作，使系统中的所有节点都能在去信任的环境中自由、安全地交换数据，使得对"人"的信任改成了对机器的信任，任何人为的干预都不起作用。

（4）不可篡改性

一旦信息经过验证并添加到区块链，就被永久保存，如果攻击者拥有超过全网50%的算力资源，那么他就被认为有绝对的权力控制整个区块链，能修改自己的交易记录、阻止交易确认等，这就意味着交易的完整性和安全性不能再得到保证。尽管存在理论可能，但几乎不可能会发生，区块链中的每一笔交易都通过密码学方法与相邻两个区块串联，可以追溯到任何一笔交易的前世今生，因此，区块链的数据不可篡改，安全性和可靠性极高。

（5）匿名性

在区块链系统中通过密码技术进行所有权的确权，没有谁可以轻易篡改和泄露，同时，通过密码系统标识账户，与真实信息有一定的隔离性，有效保护了隐私。单从技术上来讲，各区块节点的身份信息不需要公开或验证，信息传递可以匿名进行。

 问一问：区块链如何工作？

3. 区块链分类

区块链按照访问和管理权限，可以分为公有链（Public Blockchain）、联盟链（Consortium Blockchain）、私有链（Private Blockchain）。

(1) 公有链

公有链是完全开放的区块链，世界上任何个体或者团体都在公有链发送交易，并且交易能够获得该区块链的有效确认，每个参与者可以看到全部的账户余额和其全部的交易活动，都可以竞争记账权。它的特点是不可篡改，匿名公开，无官方组织及管理机构，无中心服务器，建成后即自动运行，是"完全去中心化"的。弊端是去中心化的成本很高，用户自己实际产生的数据可能只有几 KB，但每个用户都需要保留以 TB 计的交易数据。另外，为了竞争记账权力，消耗的算力资源巨大，违背低碳环保理念。公有链的代表是比特币、以太坊。

(2) 私有链

私有链是企业、国家机构或者单独个体内部使用的封闭区块链，比如政府建立的政务服务链、快递公司建立的物流链、银行建立的内部结算链等。其仅采用区块链技术作为底层记账技术，并且只记录内部的交易，记账权归私人或私人机构所有，不对外开放，由公司或者个人独享。它的特点是交易速度快，应用了区块链的不可篡改性，降低内控监督成本。去掉内部的小中心，但保留组织的大中心。

(3) 联盟链

联盟链就是多家组织、某个群体或组织内部使用的区块链，介于公有链和私有链之间，兼具部分去中心化的特性，比如银行联盟结算系统、物流上下游企业联合物流区块链、多个政府单位联合的政务区块链等。联盟链仅限联盟成员参与，系统半开放，需要预先竞争选举出部分节点作为记账角色。区块的生成由所有预选记账人共同决定，其他非预选出的节点可以交易，但是没有记账权。联盟规模可以大到国与国之间，也可以是不同的机构企业之间。用现实来类比，联盟链就像各种商会联盟，只有组织内的成员才可以共享利益和资源，区块链技术的应用只是为了让联盟成员间彼此更加信任。

目前国内的区块链应用落地形式以联盟链为主，多方参与共享数据互信，但多数情况下链上数据对外部并不可见。联盟链的多点开花虽然推动了区块链技术的快速应用，但也面临着一些问题。首先，联盟封闭使得数据孤岛更为明显，网络生态更加割裂；其次，联盟网络规模难以做大，公信力始终只局限在一个较小的范围内；最后，联盟链构建仍然较为复杂，网络搭建和区块链的搭建运维具有较高的技术门槛，难以普及社会大众。区块链的三种基本类型，正如互联网技术支持了私有系统、局域网系统、世界公网系统一样，是针对不同需求而产生的，三者不是竞争关系，而是互相补充的关系。

4. 区块链发展

区块链被视为构建未来互联网业态的核心关键技术，可实现互联网从信息互联到价值互联的升级，其应用场景大致经历了三个发展阶段。

(1) 区块链 1.0，数字货币阶段

从 2008 年比特币网络问世以来，区块链一直以去中心化数字货币的形态存在，应该说区块链是比特币的底层技术，比特币是区块链最早和最著名的商业应用之一，区块链技术最初的应用范围完全聚集在数字货币上。

(2) 区块链 2.0，智能合约阶段

受到数字货币的影响，人们开始将区块链技术的应用范围扩展到其他金融领域。2013 年 11 月，Vitalik Buterin（V 神）发布了以太坊白皮书，他认为资产和信托协议也可以从区块链管理中受益。以太坊与比特币的最大区别，是其支持脚本语言应用开发，可以实现智能合约。智能合约是在区块链上自我管理的合约。它们是由诸如过期日期的过去或达到特定价格目标之类的事件触发的，利用"智能合同"可以自动检测是否具备生效的各种环境，一旦满足了预先设定的程序，合同会得到自动处理，比如自动付息、分红等。有了合约系统的支撑，区块链的应用范围开始从单一的货币领域扩大到涉及合约功能的其他金融领域，如股权、债权和产权的登记、转让，证券和金融合约的交易、执行等。

(3) 区块链 3.0，社会治理阶段

随着区块链技术的进一步发展，其应用已不局限在金融领域，还将广泛应用于政务管理及各行各业，成为新的社会信用机制和社会治理框架的一部分。比如，区块链在身份认证、公证、仲裁、审计、域名、物流、医疗、邮件、签证、投票等其他领域应用，解决信任问题，不再依靠第三方来建立信用和信息共享，提高整个行业的运行效率和整体水平。

近年来，国家相关部委和地方省市相继发布区块链政策和具体措施，加快推进我国区块链产业布局。2019 年 1 月，国家互联网信息办公室发布《区块链信息服务管理规定》，进一步规范区块链信息服务活动，促进区块链技术及相关服务的健康有序发展。2020 年，国家发改委首次明确新基建范围，区块链正式纳入新基建推动数字经济建设，其技术研究和应用落地也将进入了蓬勃发展的新阶段。

在技术研发方面，目前国内很多公司仍基于以太坊等国外开源架构进行区块链平台开发和应用部署，同时，区块链底层技术和架构的自主研发日益受到重视，如中国银行、工商银行、蚂蚁金服、腾讯、百度、京东等企业已经积极开展区块链技术自主研发，加强区块链网络基础架构系统建设。

在应用落地方面，区块链技术在票据、电子存证、食品供应链、跨境支付、电子政务等领域取得一系列成果。2018 年下半年，首张区块链电子发票在深圳问世，成为我国首个"区块链+发票"的落地应用；北京互联网法院推出"天平链"平台，用于存储案件证据，保证数据真实性和隐私性；蚂蚁金服、京东相继使用区块链推出生鲜食品从生产到超市的溯源服务平台，以提升食品供应链透明度、保护消费者权益；中国银行通过区块链跨境支付系统，成功完成河北雄安与韩国首尔两地间客户的美元国际汇款；济南高新区上线试运行智能政务协同系统，利用区块链技术实现电子政务外网与各部门业务专网的互联互通、在线协同，提高政府工作效率。

随着新一代信息技术的发展，未来区块链有望与5G通信、云计算、人工智能、物联网等新兴技术深度融合，应用范围将逐渐扩大到整个社会。

 议一议：区块链的真正价值在哪里？

5.8 网络强国：勇当新时代自主创新生力军

互联网诞生 50 多年来，不断激发创新、驱动发展，把世界变成"鸡犬之声相闻"的地球村，互联网成为全球经济发展强大而稳定的引擎。在新一轮科技革命和产业变革之下，互联网发展动能将更加强劲，发展空间将更加广阔，这一切离不开技术突破和创新精神。

中华民族从来都是乐于创新、勇于创新的民族，从古代四大发明到新"四大发明"，从"两弹一星"的问世到神舟飞天的壮举，从蛟龙下海探索浩瀚无垠的海洋到港珠澳大桥横跨伶仃洋，可以说，中华民族五千年的文明史，就是一部不断创新的历史；互联网时代，从不断加强基础设施建设到广泛渗透各个领域，数字经济蓬勃发展，其主要动力就是改革创新。只有创新，才能令科技进步、令国家昌盛、令人民幸福，成就民族复兴伟业。

进入 21 世纪，互联网的迭代加速推动人类社会进入全面感知、可靠传输、智能处理、精准决策的智能时代。网络信息技术成为全球研发投入最集中、创新最活跃、应用最广泛、辐射带动作用最大的技术创新领域，也是全球技术创新的竞争高地。在这场综合性竞争中，我国在高性能计算、移动通信、量子通信等网络发展的前沿技术领域，以及核心芯片等具有国际竞争力的关键核心技术领域均实现了一系列突破和创新，比如，中国"天河二号"超级计算机在全球运算速度排名中连续 6 年夺魁；中国已成长为全球最大且最具活力的移动通信市场，在 5G 等下一代移动通信技术研究领域处于领跑地位；量子科学实验卫星成功发射，量子保密通信京沪干线建设取得重大突破；在芯片专利申请数量方面，中国成为第一大国，并连续 5 年蝉联全球第一。这一系列领先技术创新，亮点纷呈，实现了"换道超车"，成为我国建设网络强国的底气，夯实了中华民族伟大复兴中国梦的基础。

党的十八届五中全会提出了"创新、协调、绿色、开放、共享"五大发展理念，这五个关键词恰恰也是建设网络强国、推进互联网自身发展、推动"互联网+"行动深入前进的关键词。创新是引领发展的第一动力，是互联网时代最重要的理念，互联网本身就是科技创新的产物，也创造出众多的新技术，比如，云计算的发展使得计算和存储能够像水和电一样，为各种创新创业提供基础资源；互联网时代的创新已不仅仅是某种跨越式的技术，也包括利用互联网技术创造出前所未有的商业模式。比如，互联网和传统行业的深度融合，也创造出众多的新业态和新模式，从而推动了经济转型升级和持续发展，加速了网络强国战略的深入实施，创新已成为驱动经济发展与商业变革的核心驱动力，中国加快自主创新是中国经济创新发展的必由之路。

创新是人类永恒的追求，更是推动社会进步的动力源泉。从钻木取火到蒸汽机的发明，从烽火台的狼烟到现代互联网技术，一部人类文明史，就是一部不断超越、不断创新的历史。中国互联网从跟跑，到并跑，再到领跑，一路艰辛跋涉，走向世界，我国新一代信息基础设施实现了跨越式发展，尤其是5G技术研发的领先让一向作为行业领头人的美国措手不及。美国为维护其科技霸权，限制中国5G的发展速度，开始出手对该技术实施制裁和封锁。此外，还对我国另一个高科技领域研究方向——人工智能实施封锁，人工智能作为引领未来的战略性技术和推动产业变革的核心驱动力，是经济发展的新引擎、社会进步的加速器，已成为全球战略必争的科技制高点，是未来的新趋势。目前，人工智能已经开始涉及我们生活的方方面面。

实际上，最先开始研究人工智能方向的是以美国为主的西方国家。我国在这一领域起步晚，但发展较为迅猛，取得不少成就，技术已经比其他国家成熟，因此，美国一方面加紧了人工智能的研究进程，加大了投入，另一方面，又在多方面对我国实施技术封锁，以减缓我国研究进程，试图保持自己的领先地位。面对美国的技术封锁，必须把创新摆在国家发展全局的核心位置，实施创新发展驱动战略，让创新贯穿党和国家一切工作，让创新在全社会蔚然成风，让大学生成为新时代自主创新的生力军。习近平总书记指出，"只有自信的国家和民族，才能在通往未来的道路上行稳致远。树高叶茂，系于根深。自力更生是中华民族自立于世界民族之林的奋斗基点，自主创新是我们攀登世界科技高峰的必由之路。"只有具有创新精神，我们才能在未来的发展中不断开辟新的天地；只有紧紧牵住核心技术自主创新这个"牛鼻子"，突破网络发展的前沿技术和具有国际竞争力的关键核心技术，才能从根本上扭转模仿跟随的局面，在新一轮互联网科技和综合国力竞争中真正实现"弯道超车"，迈向网络强国、数字中国和智慧社会。

 辩一辩：互联网时代，技术创新和思维创新哪个更重要？

参考文献

[1] 中共中央党史和文献研究院. 习近平关于网络强国论述摘编[M]. 北京：中央文献出版社, 2021.

[2] 中国互联网信息中心. 第49次中国互联网络发展状况统计报告[EB/OL]. (2022-02-25)[2022-03-1]. http://www.cnnic.cn/hlwfzyj/hlwxzbg/hlwtjbg/202202/t20220225_71727.htm.

[3] 中共中央网络安全和信息化委员会办公室, 中华人民共和国国家互联网信息办公室. 提升全民数字素养与技能行动纲要[EB/OL]. (2021-11-05)[2022-3-1]. http://www.cac.gov.cn/2021-11/05/c_1637708867754305.htm.

[4] 中共中央网络安全和信息化委员会办公室, 中华人民共和国国家互联网信息办公室. 中华人民共和国网络安全法[EB/OL]. (2016-11-07)[2022-3-1]. http://www.cac.gov.cn/2016-11/07/c_1119867116.htm.

[5] 雷敏. 网络安全知识读本[M]. 北京：中国劳动社会保障出版社, 2018.

[6] 金江军. 信息化能力建设与网络安全读本[M]. 北京：中共中央党校出版社, 2017.

[7] 赵鹏, 朱祎兰. 大数据技术综述与发展展望[J]. 宇航总体技术, 2022, 6（1）：55-60.

[8] 王涛. 云计算及大数据技术研究[J]. 信息通信, 2020（12）：255-257.

[9] 苗敬峰, 李强. 大数据技术在计算机网络信息安全问题中的应用研究[J]. 中国新通信, 2021（12）：77-78.

[10] 刘双印, 雷墨鹭兮, 王璐, 等. 区块链关键技术及存在问题研究综述[J]. 计算机工程与应用, 2022, 58（3）：66-82.

[11] 代闯闯, 栾海晶, 杨雪莹, 等. 区块链技术研究综述[J]. 计算机科学, 2021, 48（S2）：500-508.

[12] 刘旭晖. 大数据平台基础架构指南[M]. 北京：电子工业出版社, 2018.

[13] 郭上铜, 王瑞锦, 张凤荔. 区块链技术原理与应用综述[J]. 计算机科学, 2021（2）：271-281.

[14] 葛文双, 郑和芳, 刘天龙, 等. 面向数据的云计算研究及应用综述[J]. 电子技术应用, 2020, 46（8）：46-53.

[15] 姜栋瀚, 刘晓平, 吴作栋. 云计算技术发展现状研究综述[J]. 信息与电脑（理论

版），2019（8）：170－171.

［16］周科生，林嘉涛，郑惠苹. 5G网络关键技术与应用分析［C］. 中国移动5G天线产业技术研讨会论文集，2020.

［17］谭嵋. 5G关键技术与挑战综述［J］. 卫星电视与宽带多媒体，2020（1）：1－2＋4.

［18］国家互联网信息办公室. 网络安全和信息化读本 大学篇［M］. 北京：人民教育出版社，2018.

［19］陈国浪. 网络基础与应用实务［M］. 北京：科学出版社，2016.

［20］程书红，何娇. Internet应用（第3版）［M］. 北京：电子工业出版社，2021.

［21］陈孟君. 浅谈新媒体时代下微信营销策略［J］. 现代营销（信息版），2019（4）：212－213.

［22］广州凡科互联网科技股份有限公司. 凡科微传单教程［EB/OL］.（2020－09－30）［2022－03－1］. https：//cd.fkw.com/helpCenter.html.

［23］广州凡科互联网科技股份有限公司. 凡科建站教程［EB/OL］.（2020－09－30）［2022－03－1］. https：//jz.fkw.com/blog.html.

［24］中聘网. 为什么越来越多的求职人员选择网络招聘［EB/OL］.（2020－07－23）［2022－03－1］. https：//www.cnzp.cn/article/3175.html.

［25］中共中央网络安全和信息化委员会办公室，中华人民共和国国家互联网信息办公室. "十四五"国家信息化规划［EB/OL］.（2021－12－27）［2022－03－1］. http：//www.cac.gov.cn/2021－12/27/c_1642205314518676.htm.

［26］工业和信息化部. "十四五"信息通信行业发展规划［EB/OL］.（2021－11－1）［2022－03－1］. http：//www.gov.cn/zhengce/zhengceku/2021－11/16/content_5651262.htm.

［27］刘富霞. 文献信息检索教程（第3版）［M］. 北京：机械工业出版社，2017.

［28］邓发云. 信息检索与利用（第3版）［M］. 北京：科学出版社，2018.

［29］祁较瘦. 新媒体运营实战［M］. 北京：人民邮电出版社，2020.